1日ひとつだけ、強くなる

# 职业逆转力

## 精进每一天！

〔日〕梅原大吾◎著
千太阳◎译

中国出版集团 现代出版社

# 序言

大家好!

我是职业玩家梅原大吾。

不再赘述其他，直奔主题吧。从我 14 岁成为日本游戏冠军后，已经过去了二十年；成为职业玩家，也已经过去了五年。我还记得我父亲曾对我说:“想要放弃的时候，有必要冷静下来好好想一想。”我自己也有这样的觉悟，那就是，作为一个职业玩家，如果不能认认真真地对待，那么，何时放弃这个职业都无所谓了。

很多人会这样想：职业玩家？就是玩电子游戏就能赚钱的人吧，这职业真不错！可能是这样的吧。因为不管怎么说，游戏在某种意义上只是一种游戏，当前社会对于游戏的认知远没有我们想象的那么高。

作为一个职业玩家，我还能存在于世，我想主要原因是我的运气好，这是事实。恰好我的技能和这个时代相互契合而已。

因此，事实上我有时也会想：这样真的好吗？

我也有踌躇犹豫的时候。

然而，这并不是一件多么丢人的事情。因为我怀着比任何人都强的自豪感在做这件事，在这一点上我自信满满。只是，不知怎的，在我的内心深处总存在一丝丝迷茫的感觉。

受到命运的眷顾，迄今为止我已经出版了两本书，其内容是我的成长史和与比赛胜负相关的思考方法。从第一本书付梓到现在，已经过去了将近三年的时间。虽然不能说是达到百分百的程度，但也确实以我自己的方式表达了心里话。所以，即使有出版社再次邀请我写书，我在表示感谢后都婉言谢绝了。

去年，出版社的工作人员发出邀请，想让我以回顾我的“对战格斗史”的形式，来说一说这二十年间我的想法。

他说：“在这个残酷的世界中，全世界的人都想不顾一切地取得胜利，这已经成为一种风潮。不论是事业还是人生，都在不停地战斗。而梅原先生您不断取得战斗胜利的方法和想法，难道不能给予这些和游戏没有直接关系的人以借鉴和参考吗？能不能请您说一说对各种大会和比赛的亲身体验呢？”

迄今为止，一般媒体也这么说，但有时有意无意间地让人感受不到游戏带给人的另一面。因此不管怎样，内容都会变得富于专业性，而我不敢确定那是不是读者真正想要知道的。

成为职业玩家五年之后，我感觉到自己正在做的事情，居然一点点地渗透给社会上的人们，尽管这一过程很缓慢。也许是时候该讲一些比较尖锐的话题了吧。出于这样的想法，才有了这本书。

另外，有时候我自己也能感受到这一时代的变化。

我今年 34 岁，很多时候，我可以从同处于这一时代、正努力工作的朋友那里感受到激烈的社会竞争。从他们的言语里能感受到：

现在已经不是老老实实做事、不犯错，公司就会对你温柔以待的时代了！

这样的残酷现实，越来越明显。

我想，我的经验是不是能带给大家一些提示呢？

作为一名职业玩家，我所玩的“对战格斗游戏”，是从二十世纪九十年代中后期开始大热起来的。从那时起，我就一直热衷于对战格斗游戏。本书标题“每天变强一点点”[①]，正是我这二十年间一直坚持的一点小诀窍。

如果只追求一次胜利，那么靠运气和要领就能实现；但是想拥有不断取胜的实力，那么掌握相应的方法是很有必要的。

今天比昨天好，明天比今天好，一点点持续改变。可以说，每一项大的成果和每一次大的成长背后，都是若干个点点滴滴的小成果和小成长。所以，没关系，一点一点来吧。这既是你想要达到的“强”的捷径，也是对游戏、对比赛所应该有的方法和信条。

很多比赛都让我觉得：“没有这场比赛，就没有现在的我。”当时我是以怎样的策略战术应对的，当时是怎么样的感觉呢？这本书以此为主要内容。

熟悉对战格斗游戏的人、反对和不了解游戏的人、之前读过我的书的人、还没有读过我的书的人，我想说的是，不论是谁，我都希望大家对本书内容有所期

---

① 日文原书名直译为“每天变强一点点”。

待，虽然结果会怎样还不清楚。如果您能这样想：这个从事和大家有点儿不一样的工作的人，原来是这样思考的呀。如果您能以这样轻松的心态阅读本书，我会感到十分开心。

梅原大吾

# 目录

GAME ONE

GAME TWO

## 支配感情____22 岁 Evolution 2003

GAME ONE

# 提高视点

## 17岁

《街霸ZERO3》全国大会

## 比赛当中能把握重点的人才能取胜

在存在明确比赛规则的游戏中，抓住重点显得十分重要。如果是运动竞技项目，参赛选手可以在《比赛规则指南》里面找到关键点。而在游戏中，那关键点就要在“画面中一切可能发生的事情”中寻找了。没把握好重点，就不会有好的结果。

1998 年 7 月，街机游戏《街霸》（Street Fighter）系列出了新作——《街霸 ZERO3》,《街霸 ZERO3》是《街霸 2》的升级产品，出品方 CAPCOM[①] 对此游戏很有自信，发售前也花大力气宣传。

首先，出品方召开了《街霸 ZERO3》的全国发布会；之后，优胜者可以到美国争夺世界冠军。这件事情在游戏发售前就对外公布了，而且比赛盛况会通过电视在全国转播。

---

① 日本电子游戏公司。成立于 1979 年，凭借《街霸》《洛克人》《生化危机》等系列作品在游戏界享有非常重要的地位。

14岁时，我就自负是“日本第一”。当时我就想，要赢得这场比赛证明自己。那时候有一个叫大贯[①]的竞争对手，据说他是实力仅次于我的玩家。在1997年的“GAMEST大赏”《恶魔战士》(The Lord of Vampire)游戏中，我和大贯有过一次对决，当时是我获胜了。但是，他曾经在《街霸ZERO2》全国大赛中取得了胜利，所以对ZERO系列的游戏比我有信心。“虽然在‘GAMEST大赏’《恶魔战士》中梅原取得了胜利，但是《街霸ZERO3》的 胜利一定属于我。”虽未经证实，但大家都在传大贯曾这样说过。有意思，那我们走着瞧吧，我的斗志也立即高涨了起来。

之后《街霸ZERO3》发售了。我和大贯每天都在位于高田马场的一家当时最高水平的街机厅里对战。

大贯再次拔得头筹，我从来就没有赢过他。即使一天对战二十次，我也没有一次胜绩。这样的情况一连持续了很多天。通过这段时间，我觉得我好像在任何游戏中都没有赢过他一样。

---

① 大贯晋也（1980— ），日本知名格斗电竞玩家。

我不能战胜大贯的理由，只是我对《街霸 ZERO3》的经验不足吗？也不是没有这个可能性。但事实上，并不完全是这样。

在挑战一项新技能时，我们最先应该做什么呢？应该是先学习它已经既定的基本知识和理论常识吧。

然而在游戏的世界里，并不存在这些东西。新游戏让所有玩家都站在同一起跑线，就像挑战一项未知的运动项目。尽管格斗游戏看上去形式相同，互相有着相通的地方，但新游戏毕竟有新要素。如果不能掌握并应用新游戏特有的竞技技能，就不能取得胜利。像这样专业性很强的项目有很多，足球、橄榄球、美式足球都是这样。虽然形式都很相像，但说它们是完全不同的竞技项目也不为过。

所以，在接触新游戏时，最先做的不是学习它的基本理论和基础知识，而是“确立”它的基本理论和基础知识。这件事既有趣又很严格。虽然不尽如此，但是迄今为止你玩过游戏的经验都被清零重置了。

《街霸 ZERO3》这款游戏的新要素还真多，因此发布之后，广大玩家都迟迟不知道该如何抓住重点。

因为它很专业，所以不能在这里全部写出来，但当时我以“对空”[①] 这一要素为重点（这一要素曾经存在），而大贯以之前从来没有存在过的“崩防技（Guard crash）”[②] 为重点。就这样，我们选择人物设定后各自为战。

结果，在《街霸 ZERO3》的对战初期，我完全被大贯压制住了。因为在操作和反射神经方面，我俩没有大的差别，那么唯一的解释是——他的重点把握得比我准。

所谓的强大，最重要的是知道“哪里强大”，明确什么是重点非常重要。如果把握重点有偏差，那么再强大也没有意义。而我把握的重点是和准确的重点有偏差的，这个准确的重点就是从既定的规则中导出来的。而大贯所掌握的重点恰恰就接近准确的重点。

---

① 以《街霸》为代表的 2D 格斗游戏的主要战术之一，指应对对手从空中跳下发起进攻战术的手段。

② 强力攻击招数，能破坏对手防御姿态，令对手产生大幅僵硬状态。

## 在有期限的比赛当中，要不拘一格、灵活应变

此后，我也效仿大贯，以“崩防技”为重点，角色选定也随之改变。有的玩家很固执，坚持不改变自己的角色，但是我没有，适时做出了调整和改变。

改变抑或不改变，不管怎样都会有好的一面吧。虽说也要看时机，但从全局考虑，不拘泥于某些事，适时做出调整和改变才是正道。

于是，我总结出来了一条经验：在这样有时限的比赛中，不钻牛角尖，不拘泥，适时做出调整才能迎来真正的好运。

在此之后，我又通过研究，找出了其他要素——“原创连招（Original combo）”①，更大幅度地改变了战术和角色设定。有了这些改变之后，我的玩法变得很强大，这次换大贯被我压制住，完全不能战胜我了。

---

① 街霸 ZERO3 超必杀系统之一，发动后一段时间内出招及收招无僵硬时间，玩家可以自由打出各种自创连招。

当然，大贯也随即改变了重点、更换了战术。因为战术这个东西没有专利，所以他这样做也是理所应当的。

一开始，我以为“对空”才是这款游戏的关键。后来觉得“崩防技”很重要，再后来按照“原创连招”的系统路线展开游戏。也就是说游戏的关键由“对空”转移到“崩防技”再到“原创连招”。

所谓关键，就是了解游戏的人得出的结论可能会让人觉得无聊，但是即便这样，别人却没有办法通过有意识的行动了解到的秘诀。

“了解‘原创连招’并且熟练地运用它的人才能赢”，我和大贯都清楚这一点。射击类游戏感觉上变得像在用刀刺杀一样。我和大贯独孤求败，没有对手。到了街机厅也一样，从早赢到晚。

在即将到来的全国大会之前，除了我和大贯，还没有人以“原创连招”为中心来制定战术，所以我感觉到冠亚军就在我和大贯之间产生。

也许会有很多人提问，为什么其他玩家不效仿我们呢？

这是有原因的。

首先，迄今为止，一直以来大家的风格和角色某种程度上都已成型。虽说是“某种程度上”，但是足以成为大赛中角逐胜利的关键因素。所以，将这种关键战术推倒重来、挑战新的作战方法是非常有风险的。如果不能在大赛之前完成以“原创连招”为中心的新战术，就更别谈取胜了。

另外一个原因就是适合以“原创连招”为中心战术的游戏角色只有“豪鬼”，所以即使使用了相同的角色，其他玩家也很难超越我和大贯。

所以，如果都是“豪鬼”之间的对战，他们很有可能输给熟知这一角色的我们。

这次大赛，我按照自己熟悉的战术和角色来应对，很有自信，这样即使输了也不后悔。当时我就有这样的判断。

但是，在“原创连招”中，刺刀对战枪，差别还是很明显的。虽然感觉很有浪漫情调，但事实上，不管怎样下功夫，现实还是很残酷。因此我和大贯在大赛中不断取胜，除了其他玩家实力有差距之外，还有一个很大原因就是这个吧。

## 游戏中，“胜利模式”的变化类似于生物的优胜劣汰

全国大赛结束之后，《街霸 ZERO3》的热潮也退了下去，相反“Mania”在全国大赛之后越来越火爆起来。“对空”“崩防技”“原创连招”，无论哪一个，在可视化的系统当中，玩家都会渐渐明白它们的意义。所以，其他玩家也开始效仿我们，以“原创连招”为中心的玩法在玩家中间也成为了常识。因此，之前走在前列的我们也逐渐失去了优势。

一旦出了新游戏，玩家们一般都会去练手，也会研究、设定他们认为的新系统中的关键点，并且将这样的想法带到实战中。有的会在初期很顺利，但后来不断碰壁；有的在一开始就没有好的效果，之后也越来越差。这样，在实战中不断被淘汰。你可以把它想象成和生物进化相似的进化系统——有的种族惨遭灭绝，有的持续繁荣昌盛。

新游戏发布初期，新作品还没有被玩家琢磨透，如果这时你能尽早地先于别人掌握攻略的关键点，那

你就能先人一步，就像《街霸 ZERO3》中，我和大贯那样。仅仅在关键点上先人一步，要比在细琐的专业技能和反应速度上拉开的差距要大。新战略和方法就能带来如此大的优势。虽然在游戏实战中，手法和经验方面我都在他人之上，但是如果关键点抓错了，我也会输给不如我的玩家吧。反之，如果是实力原本就很强的玩家，又恰巧抓住了重点，那么他就会变得如虎添翼。

《街霸 ZERO3》的进化速度，要比格斗游戏鼻祖——《街霸 2》明显感觉快好几倍。

《街霸 ZERO3》的发布差不多在《街霸 2》的五年之后，各路玩家的熟练程度也有所提高，对战的玩家之间的交流和网络合作也更加频繁和充实。也许这就是进化速度变快的原因吧。

顺便提一下，比起现在网络的普及，那时候《街霸 ZERO3》的更新速度简直就是现在的十倍以上，也可能十倍以上都不止。毫不夸张，变化就是这样快。除了游戏，我对其他事物了解得并不太多，但是，我想其他领域应该也有这样的变化吧。

## 网络以压倒性的速度消除了“差别”

我想网络时代之前的事情，现在的年轻人可能完全不能想象。

格斗游戏出现之后，网络和网络社区得到了发展，与此同时，地方性的不利因素也随即显现了出来。人口较多的城市，尤其是东京的优势很大。玩家数量可以碾压其他任何地方。玩家对战的次数不同，进化的速度就会不同。所以，有的玩家甚至从地方上特地到东京，搬到东京居住。当然并不是说地方上没有自己的进化。但是，这种变化只是被大都市圈的玩家共享了。可以说，这就是居住在东京所带来的好处。

在现在的对战游戏中，最新的攻略全国都可以实时共享。一旦有什么新的发现，马上就会发布到网上。现在，我也从别人那里得到很多有用的信息。

不仅仅是知识层面的信息，相隔甚远的玩家之间也会通过网络积累作战经验。其中有很多是只有经过实战才能得到的宝贵经验。

有的玩家不巧处于不利地位，没有发挥出正常水平也是有可能的吧。但是如果分享了这一信息，能给玩家带来天大的好处。

如果《街霸 ZERO3》是现在发布的呢？

我想在全国大赛中，可能几乎所有玩家都以“原创连招”为重点制定战略吧。如此，不管我和大贯有多么厉害，都不可能和其他的玩家拉开那么大差距，甚至可能在大赛中随时败下阵来。

## 东大毕业的专业玩家 Tokido 的取胜方法

职业玩家中，有一个叫 Tokido 的人。听说他毕业于东京大学，非常善于把握游戏中取胜的最快方法。他在“街霸 4”当中使用的角色非常具有攻击性，被称为“Tokido 式”。因此，对于使用同一角色的其他玩家来说，他的一举一动简直就是行为准则。

《街霸 ZERO3》当中的“原创连招”就像“Tokido 式”一样，玩家一眼就能知道是合理性的攻略信息，对于这样的信息，无论是谁都想据为己有。更何况，现在信息的传播达到了之前不能想象的闪电速度。所以，信息的新鲜周期非常短。

所以，在现在的游戏中，想通过掌握信息来打造属于自己的“常胜武器”是十分困难的。这种方法就像是昙花一现，攻略信息很快就能被共享、过时。

因此，有的玩家也没有很重视实时信息。因为信息很快就会被人共享，用简单明了的方法复制下来就可以，没有所谓的好与坏，这就是竞争。

之前通过攻略和信息就能先人一步，打造自己的优势。然而时代不同，环境也在改变，这些改变正影响着玩家们的努力方向。

像我和大贯在《街霸 ZERO3》全国大赛中那样的事情，早已经不复存在了吧。

然而，即使这样我还是很重视思考这件事，甚至我觉得这件事的启迪价值更高。现在的游戏，只是在内容、一般性攻略及信息方面和《街霸 ZERO3》时代有些不同而已。当然，也可以思考一般性的攻略和信息，但若想获得长久的胜利，必须思考背后更多的东西。

## 超过九成的玩家只追求每个场景最合适的解法，而我更看重整个战局

现在的我觉得有必要对比赛有更深的理解。

真正应该思考的就是——要有纵观并掌控全局的视角。

在一场游戏中，首先应该具备纵观全局的视角，并且为此思考如何行动。这就是我在面临比赛时的基本思考方法。

但是，有很多的玩家只考虑眼前的状况。

关于我和其他玩家不一样的部分，举一个例子——对于“飞行道具”的思考方式就存在不同。

在格斗游戏当中，所谓的“飞行道具”就是弓箭和手枪。在我的主战场“街霸”系列中，大多数角色主要使用拳脚来攻击，但一部分角色有一种特技道具就是“飞行道具”。几乎所有的玩家认为“被飞行道具击中很危险”，然而他们却不会随意使用“飞行道具”。

大家为什么这么认为呢?

这是因为“飞行道具”本身的性能所致。虽然“飞行道具”能远距离攻击对方，但是其攻击力并不强。并且，如果被对方察觉自己正使用“飞行道具”展开攻击，会遭到反击导致遭受重创，甚至在多数情况下，会留下致命伤。并且，近几年系统对“飞行道具”的处理方法更加完备，渐渐变成不是可以简单操作的一项技能了。

而在我的主战场《街霸 4》中，简单来说，“飞行道具”的使用就是高风险、低回报。

这是一种情况，如果你是使用“飞行道具”的玩家，在被发现时很有可能造成致命伤不能继续使用“飞行道具”。因此，可以说“危险情况下慎重使用弹”已经成了玩家们的共识。

但是，我认为即使遇到被发现的危险情况，如果有必要的话，我还是会使用“飞行道具”。如果只考虑“飞行道具”本身的情况，那我和他们的情况完全相同，“飞行道具”对我来说也是高风险、低回报。但是，这只是非常极端的判断。

在我看来，大多数玩家都只是将游戏细化，攻克每一个环节，然后将它们进行重组。也就是找出每个环节最适合的游戏玩法，然后将它们集中起来，最终打造出一个结果。

比如，在A环节，找出A环节的最优解，然后到了B环节，再找出适合B环节的最佳方法 。这就意味着在所有的环节都要取得胜利。这是一种积少成多的战术。

考虑每一种情况的最佳打法，这乍一看是准确无误，但以这样的思考方式制定战术，那么大家就谁都不敢在任何情况下这样使用“飞行道具”这一技战术了。

## 最终成果并不是阶段性胜利的总和

所谓视角，你可以理解成方向性或者理念性的东西。换句话说，就是“虚构”和“故事”。

虽说是广义上的故事，但怀着这样的意识打游戏的话，就会迎来关键时刻。这时你就会发现，每个环节的作用并不是等价的，它们最终会变成让你有所取舍的选项。

看似凌乱的每种情况和要素，并不是孤立存在的独立体。并且，如果只是将每一部分割裂开来考虑的话，无法发现能使人达到目的的视角。如果没有这个视角，不管经过多长时间，你可能只会考虑每个环节的解决方法。

然而，情况一旦复杂起来，它就会呈现为不是正确应对风险的方法。面对此种情况，在很多情况下，有的选择就会变得不符合常识，比如，“弹”的使用就是一个例子。

在周围的人看来，我的玩法可能是非常冒险的行动。即使这样我还是不断取得胜利，这在他们看来十分不可思议。而对我来说，我知道应该抓住什么，周围人都觉得十分危险，我当然也没有冒险的打算。但是，因为我有取胜的视角，并且在游戏中明白走到哪一步是有惊无险的。因此，就形成了我独有的游戏方法。

只要重点没有把握错，即使在某些环节失败了也没关系。只要视角抓得准确，即使有的场合没有好结果，或者失败也没有关系。以整体的视角来制定战术，这样即使有时不利，也是自己意料之中的事情。

但是，如果只考虑眼前的情况，导致每个环节都失败的话，那么正是说明每个环节都出了问题。因为，你只是认为最终的成果是每个环节的总和。这样的话，每个环节就必须都要取得胜利。其结果，玩家就会被淘汰出去一部分。而且对于观战的人来说，这样的玩法也很无聊。

如果不能抓住取胜的关键，就会变成这样，该承受的风险也没有机会承受。想面面俱到，那么玩家就会耗费过度的精力而没有回旋的余地。这样本来有可能取胜的局面，最后也会以失败告终。

如果把握了正确的视点，那么对冒险行动的思考方式也会发生变化，因此，从某种意义上可以说这是一种机会。

有时候我能给对手以重创，但是我并没有这么做。我想读到这里，很多读者应该会有“明明可以打击敌人但是为什么不这么做”的疑问吧？也有的人会这样想：不管怎样，双方厮打较量一番，赢了就行。甚至绝大多数的玩家都认为打游戏就是这样。

但是为了达到目标，在能打击对方的情况下，有时也需要按兵不动。

这是很多人所不理解的。

只要重点抓得对，没有偏差，根据实际情况，即使有时候失败也没关系。

## “进展不顺利时再进行修改”，这时已经晚了

采用什么样的作战理念和战斗方向，应不应该交锋，这样的问题只能自己思考，然后付诸行动。

以纵观全局的视角思考问题，是需要积极性的。

游戏进展不顺利，没有达到预期的结果，这时才思考这个问题，其实是有点儿消极被动的。在尚没有出现不利局面时不去想它，这是无可厚非的。然而，对已经出现的不利局面还置之不理，这就有点儿不可取了。

①进展很顺利，但是在视角层面进行更好的修正，并反映到游戏当中。

②进展很顺利，在某一环节层面进行修正来达到更好的游戏效果。

③进展不顺利，但是在视角层面进行更好的修正，并反映到游戏当中。

④进展不顺利，在某一环节层面进行修正来达到更好的游戏效果。

这不是孰优孰劣的问题，这几种做法缺一不可，因为它们之间都是彼此影响的。

不管是视角还是游戏环节，分类方法都不仅限于此。比如，①和②是积极的，③和④ 是消极的，这样的分类方法也是可以的。

在我的印象里，很多玩家只能做到④，其次就是④和②。

涉及③的时候，通常是大多数玩家通过其他几种方法都不能解决问题的时候。如果游戏进行得不顺利，那么不管是视角层面还是游戏环节的层面，两手都要抓、两手都要硬的做法是最可取的。

如果是①这种情况，几乎没有人这样做。

虽然能取胜，但看不到在目前视角的基础上存在提高的可能性，那就大胆改变视角吧。取胜之后，虽然没有感觉到现在的视角有什么不足，但你有新的想法想要尝试、验证一下，那么就放手改变视角吧。心中时刻有这样的意识，你会有意想不到的发现。

曾经有一段时间，我和几个朋友一起以赛代练，约每周一次，那时发生了这样一件事情。

当时的目的是为了培养实力，有时候也会进行能够展现自己实力的持久战。在这样的游戏规则下，很多玩家虽然能在本周大获全胜，但下一周就会输得很惨。这是因为在持久战过程中，他们的缺点会暴露无遗。既然是同一水平的玩家，在掌握了对方的弱点后，会很自然地反击回去。

然而，在获胜后下一周的比赛中，有时我还会超越自己取得更大的胜利。那是因为我没有消极地等待对方做出反应。如果比赛输了，当然要重新审视自己的打法；但是如果赢了比赛，再加入新的视点，就能改变输赢反复出现的情况。

作为获胜者，我会指出对方在游戏过程中的失误，对方也会相应地做出改正；但是在下一次比赛中，我又会攻击对方的其他薄弱环节。所以，对方总也追不上我的节奏。

其实，在输掉比赛之后，他们大多数的改正还停留在比赛的某一个环节即局部，几乎没有从视点的角度来看整个比赛进程。所以，即使我没有做出改变，他们所谓的改正作为一种对策也是不够的。

话虽如此，但改变视点这件事并不是什么时候都会一帆风顺。有时候，改变视点反而会导致输掉游戏。

然而，不尝试就永远不知道结果会如何，所以我只能大胆尝试。这样坚持改变视点的结果是，发现了之前思考方式的优劣对错，让局面最终向好的方向发展。

在对战游戏中，如果角色之间的性能相关，乍一看不会有什么好的结果，这样的组合被称作“角色差”。角色性能很难弥补，而且在大赛当中，选择角色的规则也很多。因为有的组合存在“角色差”这样的情况，所以通常情况下，他们都会通过其他的角色来对应弥补。

这个角色被称为“二线角色”。当然，我也不会完全不使用二线角色。但是成为职业游戏玩家以来，我越来越深刻地意识到视点的重要性，所以即使遇到看起来很不利、角色性能不能互补的情况，也会首先思考“应该改变什么，怎么改变”。

在过去，有的比赛我并不是很感兴趣，也没怎么看过视频。但是，最近我观看比赛视频的次数多了起来，这是因为我在为尚没有发现的视点和联想找灵感。

以这样的速度寻找“灵感组合”，在这个信息光速传播时代，会处于不利地位。因为它不是简单明了地给出好的解决方案，而是需要不断地提出假设并验证，反复循环。

有时候，有人会问：使用“二线角色”就能轻易地解决问题，没必要搞那么复杂吧？

有时候，我也会这样想。

但是，面对这么轻易地就能得到答案的问题，思考也就失去了乐趣不是吗？正是有这样的思考方式，我才会和别人拉开差距，在比赛中有所收获。

## 能被复制的武器和不能被复制的武器

持有自己独特的视点思考问题，在反复的对战中，亲自处理复杂局面才能明白并能积累宝贵的经验。这样才能获得属于自己的独门武器。

这样的武器不会被人复制，即使被复制了也没有关系。如果真的在视点层面有自己独特的理解，这就不是表面的东西了，因此也不能被人轻易复制吧。如果只是表面技术和状况的模仿，这只能说是复制的前一阶段。

如果具有一定水平的视点，并且展现在游戏环节当中，虽然能被模仿，但不会被人超越。

下面的话可能会有些抽象，所谓的视点，最终是和每个人的个性和方向相关吧。唯有高水平才能拥有视点吧。这里指的个性和方向，不是指自己本身臆想出来的东西，而是指本质的东西。

所以，即使视点水平和思考方式相同，但具体的表现方式也很难说完全相同。有时会存在这种情况：从表面上看起来完全不同，但对于整体的视点有可能很相似。或者在游戏环节中，表面上看起来完全相同，但彼此的视点可能大相径庭。

我完全不担心自己的游戏打法被其他玩家复制，反而希望自己的思考方式和做法不断地被复制下去，然后大家给出各自的反馈。因为我想拥有的对手就是——具备接近真理的视点或者拥有我所没有的视点的人。

## 如果视点高度相同，“模式记忆力”会成为比赛的分水岭

在格斗类游戏中，如果没有前面说过的“角色差”，那么视点水平高的人会最终获胜。这样说听起来可能有些武断，但事实上就是这么一回事。

更准确地说，视点层面的差距不是单纯的操作和局部的战术所能弥补的。

如果视点水平相近，会有怎样的结果呢？在比赛进程中，会有很多要素发挥作用，但我认为决定胜负的关键是记忆力。说到记忆力，可能就会缺乏浪漫色彩。

也可以说是“模式记忆力”吧，比如说红青黄这几种颜色是以什么顺序出现的。当然，实际情况会比这个复杂得多，但道理和这个问题很相似。在游戏中，仔细观察对方的行动，在复杂的动向当中，可以总结出对手的行为法则和排兵布阵的模式。简单来说，就是一个人的习惯，这个习惯指的是不仔细观察就不容

易发现的那种隐藏的习惯。

就我而言，在游戏当中如果有什么不对劲，马上就能感觉到“不对劲”“糟糕”。因为进攻和防守都是一瞬间的事情，所以没工夫转化成语言，但是在那一瞬间，我还能感觉到接下来会发生什么。这不是单纯的第六感，我把它定义成“记忆源头感觉”。

我经常使用一项技能叫作“开局波动拳”。这是一种游戏刚开始就使用的技能，但是这一招有风险，因为有时使用这一招攻击对手，对方会跳跃起来攻击你，这样会立刻见分晓，游戏结束。所以，有不少玩家觉得不可以使用“开局波动拳”这一技能。

但是，有时我会接着使用几十轮的“开局波动拳”。在此期间，对方一次都没有发起跳跃攻击。然而，只要我不使用“开局波动拳”，对方就会跳起来攻击。

这样的情况出现过好几次。可见这不是偶发性事件。我想，基于过去的对战经验，我的身体会记忆“要来了”这样的信息。虽然常有人说“梅原感觉敏锐”，其实不全是这样。如果特意地去感知，反而不能感知到。注意整体，然后在游戏过程中单纯地在感觉上做出反应，对我来说，这就是“模式记忆”。

如果仅凭广义上的记忆力来决定胜负的话，我想我会一直赢下去。即使是第一次对战的选手，随着比赛的进行，我也能发现对方的模式。如果对战过十个回合，我基本上就能摸透对方的行为。

“对方为什么要这么做呢？”想到这里，就能给对方的行动赋予意义。

即使是人们最容易忽略的琐碎细节，比如说像“出大招之前，他都会做这个动作”“这可能是他恐慌时的习惯”，这样赋予意义之后，对手的动作会被我当作一种模式记下来。如果不这样有意识地和对手较量，不会成就今天的我。

## 只掌握自己的获胜模式，不可能成为一流玩家

在玩家当中，有些人习惯把自己的模式一股脑儿推给对手。这是一种不管对方怎样应对，只要按照自己的节奏行动就能赢的模式。

其结果无非两种：如果这一招行得通就能赢，行不通就会输得很惨。游戏打法一直只有这一种，如果只考虑自己怎么做，就不能感知对方行动的意义。

随着水平的提升，这样的人渐渐不能取胜，顶级玩家中也不存在这样的人。

如果发现了对方的一定线索，我建议还是考虑对方的行为之后再采取行动。我想，这样做你会有新的发现。

不仅仅是单纯地压制对方，有的选手还选择从精神上给对手施加压力。

想尽办法剥夺对方的思考能力，趁对方萎靡不振、处于下风时发起攻击。就自己而言，这时尽量感知对方的思考能力；但是对他们而言，与其说是感知对方的

思考能力，不如说是被对方诱导。

可以说，这是一种很强势的选手吧。在我职业生涯中，遇到过几个这样的强劲对手。

这种对战风格对于理性的人来说特别强。有时候，对没什么道理可讲的一些选项他们也能不厌其烦地使用，打乱对方的思考。所以，一本正经地打游戏的人，在一定程度上也会在这种攻击下溃败。

这可以说是直接攻击画面那头的人，虽然大家都隔着电脑显示器，但因为都是游戏玩家，所以在某种程度上还是接近本质的。

但是，我感觉从来没有遇上过自己对付不了的对手。在游戏中，虽然可以通过各种手段威胁、打击对方，但是我感觉自己不会真的那么做。

我喜欢比赛，是因为可以透过画面来相互交流感觉。虽然这样的举例可能不太恰当，但是向对方大声嚷嚷，乱扔刀子，有时候会用光自己的点数。

如果不让对方觉得“原来是这样”，那么下次对方就会很快打得疲惫，这样我就自然而然取胜。

为什么要有这样的态度呢？我想这是因为我把全局视点放在了优先的位置。能不能起到震慑对方的作用，或者说是否能真正震慑对方，就像我内心深处的感觉一样，是不动声色的。

正因为有了纵观全局的视点，所以即使看似非常危险的攻击，因其不是通过眼前的局部情况来判断的，所以我明白这“并不是真正构成威胁的危险局面”。

可以说，我的风格就是一边感知对方的每一步措施的意义，一边和对方取得交流。我喜欢超越画面和游戏机，和对方相互切磋的感觉。

“为了取胜，你要这样做啊，那么我就这样反击喽。”我喜欢这样在比赛中交流。我还把对方采取的行动也当作交流的一种，会赋予它一定的意义。

GAME TWO

# 支配感情

22岁

Evolution 2003

## 比视频播放2000万次以上的“背水一战的逆转剧”还要让我印象深刻的比赛

2003年举行的“Evolution 2003”是让我印象深刻的一场比赛。一般情况下，2004年的“Evolution 2004”应该更有名气吧。

当年，我和美国的贾斯汀之间进行过的复活赛被称为“背水一战的逆转剧”，视频重播次数超过了2000万次。全球播放总次数是以亿为单位计算的。经过十年之后，居然还有人在讨论这件事，这使我很惊讶。

但是对我来说，这场比赛并没有那么重要。从比赛内容上来看，呈现在大家眼前的确实是我的大反转，有很强的戏剧性，但是我自己的感觉是只是做了该做的，所以能赢得比赛也没有什么特别的惊喜。反而在它之前的“Evolution 2003”对我来说意义重大，特别是对于比赛的“感情”，让我获益匪浅。

在谈论比赛之前，首先对“Evolution”做一下简要说明。

格斗游戏的粉丝们可能都知道，“Evolution”是从1996年开始举行的格斗游戏大赛，通常简称EVO。

比赛的第一节在加利福尼亚举行。后来转移到拉斯维加斯，最近又转移到可以代表拉斯维加斯的酒店——恺撒皇宫酒店和利奥休闲会所。全世界的格斗游戏玩家聚集到这里，进行为期三天的比赛，包括粉丝在内有超过5000人参加，是世界上最大的格斗游戏盛会。

我第一次参加这样的大赛是在2003年。

现在的我，坚持一种风格，十分重视提高游戏的完成度。但是，当时我同时研究几款复杂的游戏，想在任何一款游戏当中都要展示出一流的实力来。

从结果来看，这一年我共参加了四款游戏的比赛取得了二胜，剩余两款游戏可以说是准优胜，也取得了比较好的成绩。在EVO中，一款比赛就有超过2000人参加，而且都是世界一流的玩家。在这种情况下，取得这样的成绩可能应该满意了，但是对当时的我来说这就是惨败。

理由就是，本来可以完胜的两款游戏并没有完胜。

现在回想起来，那时候我还是太天真了。

第一次参加 EVO 这样的盛会，也是我第二次来到美国。第一次访美是 1998 年为了参加《街霸 ZERO3》世界大赛，时隔五年后，我再次来到了美国。

《街霸 ZERO3》大赛时，我是和电视台的工作人员一起来的，所以当时从出国到回国我全程稀里糊涂，不用操心，但是这次不一样。因为语言不通，很多情况下我都是靠猜的。

当时也受到一位可以讲英语的当地日裔老年玩家的照顾，他带着一份规则表，当然是英语的。

记得当时的我并没有熟读规则，但这次我还是仔细地刨根问底确认了一遍。因为有可能初赛就惨遭被淘。规则的内容就是决赛之前要进行很多场次的比赛，并且有复活赛，作为一场国际比赛，EVO 是很标准的。

当时日本大赛的赛制是先取得两轮胜利即为胜出，但是 EVO 是连续取得两轮胜利才判胜出，连续取得三轮胜利才获得参加决赛的资格。复活赛中复活的选手，必须在决赛的三场比赛当中取得两场胜利才可以算取胜，这是到现在都没有改变的基本规则。

“真的没有其他别的规则了吗？”我心里这样嘀咕着，果然意外还真的出现了，“如果裁判提出质疑，那么需要重新比赛。”

在格斗类游戏中，如果打成平局，那么根据游戏种类不同，决定胜负的方法也不尽相同。

比如说我参加的《街霸 2》，如果打成平手就进入下一轮 。而《街霸 3》在系统中设定程序来进行胜负的裁定。

问题是在《街霸 3》中，存在和格斗游戏的基准完全没有关系的部分，这一部分是由裁判来裁定的，比如在游戏过程中允许几次对方的接触式防御等。但是关键的决定因素有哪些，对于玩家来说，游戏的优劣是不可能通过正常人可以接受的形式反映出来的。

所以当我听到“需要裁判裁决的情况下，比赛要重新进行”这一规则时，觉得这是无可厚非的。同时，对美国的亲近感也油然而生。当时我想：比赛规则什么的，我这不也都明白了吗？虽然语言不通，但这种感性上的东西应该是相通的。

如果举行《街霸 3》的比赛的话，评判系统并不能反映选手的优劣，这一点被认为是共识，我很高兴自己能了解到这点。然而事与愿违，这个在后面的比赛中引发了很大的问题。

## 在美国受到第一次“客场洗礼”

在 2003 年 EVO 比赛中，我和一个叫 Ricky 的复活赛选手有过交手。

和 2004 年我逆转的玩家贾斯汀一样，他也是实力最强的美国玩家之一，后来一直是活跃在游戏界的顶级玩家。虽然最近可能较少看到他的身影，可当时他才十几岁，风头正盛。

成为厉害的玩家可能需要几个要素，他的强项就是稀有的反应速度。他的战术并不出众，技术在顶级玩家中也属于中等水平。但是，相比对手的反应速度，他能做到非常快。我经历过各种各样的玩家，他的反应速度可以进前三名。

到现在，Ricky 当时的反应速度也可以说是一流的。我想现在不能经常在各类比赛中见到他的原因，大概是随着年龄变大不如之前出名吧。毕竟反应神经是越年轻越好。

另外，除了反应速度，Ricky 在游戏的展开速度方面也是十分神速。他可以让游戏不断地展现新的局面。快速解读目不暇接的新局面，不断地重复出击，节奏特别快。能给对方被压着打的感觉。

当时对于《街霸 3-3》，不管是游戏攻略还是对战技术，比起其他国家，日本玩家都略高一筹。即使这样，无论怎样制定战略、训练技巧，还是没有人能够和 Ricky 进行抗衡，因为极有可能被 Ricky 以速度优势逆袭。

总而言之，一旦进入比赛，Ricky 的实力还是非常强大的。

输掉第一场比赛后，第二场第一局也尝到苦果，我陷入被动局面。如果下一局也输掉的话，那胜负已分，比赛结束。我迎来了决定命运的关键一战。

但是，当时我还能应付得了 Ricky，无论如何我扳回了一局，接着更加激动人心的大战来了。

直到第三场比赛的最后一轮我都紧咬住不放，最后一轮是决赛，但是还没有进入赛点，时间到了。我们双方在体力上都消耗很大，而加时赛横亘在我们面前。

如前所述，赛前我确认过系统是如何进行裁决，进入加时赛又是如何比赛的，这些都是 EVO 的规则。为了决赛，我准备好了下一轮的比赛。

那时，我有一种很不好的预感：“当地玩家并没有细读规则，他们应该不知道有这样的规则吧，如果是这样，最后判我输的话，会引起观众的骚乱，真是麻烦啊。”当时我这样想。

结果，不幸被我言中，果然就是这样。

游戏系统判定 Ricky 胜利。不出所料，不明白规则的观众都很激动、很兴奋。大战的结果——美国人 Ricky 战胜了日本人，在美国主场，观众很兴奋这是可以想象的。

也有人因为质疑是规则本身存在问题而引起了骚乱，最终比赛还是按照原有规则再进行一次。

这样，喝倒彩的声音像暴风雨一样袭来。到比赛结束，我从来没有见过这么大阵势的喝倒彩场面。

当时，Ricky 本人好像也不知道游戏规则，误认为自己取得了胜利，兴奋地大叫着，听到广播后，像是从楼梯滚下来一样，面露十分不满的神色。

我原本认为在比赛中，不应该感情用事。但是，当时我生气了。我明明是按照游戏规则进行比赛的，为什么得到的是倒彩？我记得自己当时很想发怒。

总之，不管怎么样，规则就是规则，裁判宣布再进行一场比赛。这次，我仿佛没有经历过刚才的苦战一样，以压倒性的优势获胜。

我想，不管 Ricky 多么有天赋，在这样的情况下，他还是太稚嫩。因为再次比赛时，很明显他的表现并不好。他的经验不是很丰富，所以最后不能很好地集中精力来应战。

我终于赢了，但也不是不能理解 Ricky 当时的心情。我虽然取得了胜利，但总觉得对不起他。

于是，大会主办方提议说："可不可以再进行一场比赛，这次的胜者为比赛的最终获胜者，怎么样？"

当时我就想："本来就是我赢了，但是再比一次也无妨，如果我再赢一场，他们就没有怨言了吧。"

主办方说："如果可以的话就这样吧。"所以，我们又进行了一场比赛。

其实到这时候，Ricky 的精力已经完全无法集中。再次比赛的结果还是我获得了胜利。

"这次你们无话可说了吧！"当时我这样想，但是这时候，喝倒彩的声音又排山倒海似的向我袭来。

此时，我算明白了，规则什么的其实已经形同虚设。他们就是无论如何都无法接受败局。这一点我从现场氛围中感受到了。

这次，我从心底感到气愤。

输了就要赖，这和明目张胆地欺负人有什么区别？太无聊了！我抑制不住地这样想。

## 感情用事不利于取得胜利，无论是恐怖、焦虑还是兴奋

在此之后，我感觉到大赛现场的氛围惊人地相似——“无论如何都不能让这家伙取胜！”我终于尝到了客场的感觉。因为即使我的对手和我一样是日本人，他们也是支持他而不支持我。

我的愤怒不能抑制。当时想：对自己掏钱坐了很长时间前来比赛的外国玩家，你们就是这样对待的吗？而且在对方取胜的情况下再次申诉，你们也知道这样做是很狡猾的吧。话又说回来，规则还不是你们自己定的吗？

那场比赛到最后其实不是玩家之间的比拼，而是外国玩家与现场观众之间的对决。说实话，在向对手展开进攻时，我甚至想，看着吧，一定要消灭你们这些家伙！还想把这种怒气一并传达到观众席。

但是，不管自己怎样生气，还得冷静地迎战。

现在想起来，我那时候还是太年轻了。

比赛的时候，最好不要感情用事，无论是恐惧、

焦虑还是兴奋。这些个人感情，都不利于比赛的进程。

当时，有一点是例外的，那就是愤怒时，你会变得很强大。那时候，你的注意力就会高度集中，每一瞬间都能反应良好，能完成平时做不到的事情。

为什么生气会使人变强大呢？我想那是因为你能完全、纯粹地对待比赛了。一般情况下，面对比赛，我们都有想赢的欲望。这种欲望就会使人产生焦虑、恐惧等负面情绪。

但是，只要一生气，这样的欲望就会消失得无影无踪，转而进入一种忘我的境界，仿佛连自己也消失了一样，这样就能集中精力，对付眼前的对手。

当然，有一点要铭记于心，那就是由愤怒产生的强大是非常偏执的强大，所以它并不能站在全局的视点来解读游戏进程，也就是说，这种强大仅仅是因为你决断时不犹豫、反应迅速。

一旦有愤怒情绪作怪，你的反应往往就会很快，我自己也能感觉到自己变强大了。从这点来看，这绝不是坏事。但是，愤怒的情绪总会冷静下来，这时情绪带来的高度集中就会产生副作用——因为没有从全局视点考虑，所以不良后果和精力无法集中的情况就会在后面频繁出现。这时候，玩家就该慌了。心中的怒火慢慢消失，头脑也逐渐冷静下来，而战况则变得越来越糟糕。

愤怒可能给你带来暂时的好处，但是，愤怒这种负面情绪最终是不利于战局的。

那天，我和一个日本同胞最终杀入决赛。

决赛一开战，还在愤怒的我一路取胜。但是，用愤怒来支撑比赛的恶果逐渐显现了出来。一旦自己冷静下来，怒气消失，一直集中起来的注意力也马上消失殆尽了。

由愤怒产生的强大是非常偏执的强大，愤怒这种负面情绪最终是不利于战局的。

而且愤怒消失之后，之前埋藏在心底的不安和恐惧等各种情绪就会爆发出来。打到这一步，其实你已经输了。

果不其然，战局发生逆转，对方夺魁，我是亚军。

现在想来，当时当会场响起喝倒彩的声音的时候，我显得非常愤怒，说明我的心胸还不够宽广。当时我的防御本能告诉我：“如果这时候害怕，你就输了。”

之后的赛程，虽然从表面上看起来我应对得十分积极，但是实际上我只是被愤怒蒙蔽了心智。这正是自己软弱的表现。

我说过 Ricky 在重新比赛的过程中无法集中注意力是因为他太稚嫩了，但是现在想起来，当时稚嫩的又何止是他呢？事实证明我和他没什么区别。

## 生气是因为想控制对方

2003 年 EVO 比赛的时候，我没能控制好自己情绪易冲动发怒。但是现在我的精神状态最佳，能够很快使自己冷静下来。

我在生气、不能接受某件事情的时候，认为它是一种自然现象。那时候我常想：那家伙不正常，那家伙在偷懒，那家伙在使诈。总之，认为那家伙是站在我的对立面上让我生气。

对方也是正常的普通人，所以才会出现这种局面，如果把这当成自然现象就不会生气，或者说根本生不气起来。

比如说因为下雨而不能外出时，你可能就会觉得很遗憾。但是你不会想：浑蛋，这怎么办?！因为这是自然现象，不以我们的意志转变。

有时候，我们因对方不按照自己的预期行动而生气。这是因为我们总想在什么地方控制对方。

当然，如果熟人在做我觉得不妥的事情，我可能会提醒他或者跟他商量。但如果是和我没有任何关系的人，我想还是把它当成自然想象更好。如果要求一个陌生人让你心满意足，那就会变得没完没了。

在和对方交手时，对方如何做不是自己能决定的。在格斗类游戏和麻将游戏中，也会有一些选手打规则的擦边球。

比赛结束之后，你无论如何警告他，结果也不会改变。如果赛前提醒他，我想那么在规则范围内，大多数对手都会插科打诨，蒙混过关吧。

总之，通过提醒、警告这样的方式，很难改变对方的态度。

本来，当你生气的时候，其实就是对方占优势的时候。所以，这时候更不能斤斤计较。因为如果这样，能赢得的比赛你也赢不了。

## 即使面对不好对付的对手，也要用对游戏的感觉来采取战略

和没打过照面的对手，或者是只有一面之缘的对手交手时，不管发生什么事情，只要把它当成自然现象，在大部分情况下，你都能心平气和地应付过去。网上的恶言恶语也是这样的。

然而，如果对手是你经常见面的人，可能就没那么容易了。一天 24 小时都在下雨，会让人郁闷，在职场这种现实环境当中，不也存在你讨厌的人吗？如果你不喜欢的恰恰是上司或者是同一部门的同事，那么更让你烦了。

其实，在哪里都能碰上自己不喜欢的人。有时候你甚至会想：他到底过着怎样的人生，才让人如此讨厌啊！

我们周围有一两个这样的人也并不奇怪。

这时候，怎么办才好呢？

就我而言，我会从自身出发来对待问题。

我怎样做这家伙才能改变这种态度呢？试着挑战

一下？

这种感觉很像在游戏中制定战略一样。

如果你把它想象成是在打游戏，那么应对对方这件事，就会变得有意思起来：对方是游戏中的劲敌。我一定要知道打败他的战略、战术，你不妨这样坚信并尝试找出解决方案。

即使面对自己不喜欢的对手，也要抑制负面情绪，用良好的态度对待对方。当对方说一些不好听的话时，大声地回答一句："对不起！"

我进行过很多次类似这样的尝试。

所以，如果对方是你讨厌的人，那么你就稍稍欺骗一下自己，告诉自己"这可能是一次挑战"。这样，你就可以把对对方的讨厌变成一次次的挑战和尝试，这样整个过程就会变得很有意义。

其实，分析对方为什么这样做也是方法之一。如果了解了对方采取令人讨厌的行动的原因，你就可以想出更多相应的对策。明白了原因的时候，正是你对对方的感情变得柔和的时候。

也许会有人认为把人际关系当成游戏来对待不够谨慎。

我有时候会这样想：这本来就不是一件要命的事，既然不是要命的事，那所有的事都可以像玩游戏一样轻松对待。

不太把人际关系当回事并不是让你去当傻瓜。相反，正是因为你认真对待了，所以需要这样放松的心情的吧。

对待比较棘手的工作，也可以带点玩游戏的战略来应对。没关系，即使结果不太好，也不会要命。用这样的方法来应对会怎么样呢？

你讨厌的那个人是个很弱小的家伙，所以试着向他打开心扉吧。

话虽如此，人际关系可不是这样简单的！——可能会有人这样想吧。

因为我的工作是职业游戏玩家，所以很难真正理解上班族的错综复杂的人际关系。

然而，因为这是我从实战中得来的经验，所以还请读者朋友们继续听我说下去。

被评为世界第一之后，曾经有段时间我退出了格斗游戏界，立志成为一名职业麻将人。可以想象，在麻将界也有令人讨厌的人，我们暂且称他为“五万”吧。

目前我在麻将界很活跃，为此当时我投入了很大的热情，心想：我要在麻将界有所作为。

所以对我来说，附近的麻将馆是一定要经常光顾的地方。我也不会因麻将馆里有自己不喜欢的人，就辗转于别的麻将馆。

但是麻将是同一种的点棒移动游戏[①]，所以人们的情绪更容易被调动起来。如果有很大的期待，而期待又得到印证了就会很高兴；如果牌不好，没有了期待，就感觉自己被背叛了，会生闷气。

一般的客人，内心都很渴望胜利，如果不是这样那他也没有必要特意来麻将馆了。当然，一旦输钱，就会有很多人面露不悦之色。

麻将馆里也有为了凑数、陪人打麻将的人。对他们来说，输赢都是常事，如果没有“输赢乃兵家常事”这样的觉悟，是做不了这一行的。但是很可惜，真正能这样想的人很少。当然，他也可以这样想：今天真不想打牌啊，但这是我的工作，没办法！如果输了，他

---

① 日本麻将中，先发参与者点棒，输者向赢者支付点棒作为最后结算的凭证。

就会非常生气。

平时普普通通的人，也很容易变得让人讨厌，麻将馆就是这样的地方。如果不能很好地控制自己的情绪，想和不喜欢的人围坐在麻将桌上是十分艰难的事情。

在对付讨厌的对手时，我首先考虑的就是向他们敞开心扉。向对方伸出橄榄枝，我先打开心扉，接下来怎么做就是对方的事情。

说到讨厌的家伙，其实不仅仅是我，在大多数情况下，其他人也都很讨厌他。对周围的人没有向自己敞开心扉这件事，他本人也是知道的。周围的人很讨厌自己这件事，他本人也是心知肚明。然后，他会产生更多的逆反心理，对待外界的态度会更让人讨厌。这就衍生出一个恶性循环。

话虽如此，但我们有时候会这样想吧：我不想对这个讨厌的家伙敞开心扉。

让我们暂且把这个问题搁置一下吧。

我们感到不爽的不是别人正是对手本人，如前所述，这样的人遇到讨厌自己的人会产生更多的逆反心理。然而，与之相同我们自己也会有这样的心理。所以，我们对此有所反抗也是人之常情。

当然，我也有这种情况。

先不谈这一点，我有一个目的——就是让自己在麻将方面有所进步。而为了创造让自己变强的环境，人际关系不容忽视。

也许你会想，变不变强跟人际关系没有直接关系。但是有了环境之后，才形成对战关系吧。因此，我放弃抵抗的情绪，采取积极的态度向对手敞开心扉。从另一方面来看，这又恰恰说明我对待麻将是很认真的吧。

在这种情况下，我敞开心扉，对方也能敏感地感觉得到。但是，对方不会一开始就会欣然接受，至少会持有一定的疑惑或讶异吧。

他们当然很明白，对方没有理由对自己采取这样的态度。所以，我对他谦逊甚至奉承的话，他会敏感地感觉到，对我也会更加防范。所以，我又不能完全敞开心扉，需要耐心等待。

一点点地敞开心扉，慢慢地耐心等待。这样，对方就会认为："这家伙并没有区别对待我。"慢慢地他会想："要不要像这家伙一样，笑着说点什么呢？"这种变化十分有意思。如果能达到这种效果的话，对我来说就是万幸了。

其实，那些令人讨厌的人也想以好人的身份示人。有一个童话故事《北风和太阳》，我非常喜欢这则故事，心想人就是这样的存在。

试想一下，人为什么会讨厌另一个人呢？大多数情况下是因为讨厌他的缺点。

一般情况下，很容易感情用事的人并不招人喜欢。之所以会感情用事，是因为他不能很好地控制情绪。也就是说，人们讨厌的就是这个人不能控制自己的情绪这一弱点。

背叛别人其实就是因为这个弱点。如果能控制住自己，对自己很有自信，那么也就不会背叛别人了。说别人坏话也是这个弱点的外在反映。所以我认为，这种弱点会带给人麻烦。

话虽如此，我自己也有弱点。所以，有时候我会产生这样的想法：我也有相同的弱点，只是不巧，这个人好像比我更多一点！

对自己讨厌的人，如果有这样的距离感，也就不会那么生气了吧。因为我们和别人其实在很多地方是相似的。

## 变强大的捷径——改变不了就接受

虽然前面说过，把它当作自然现象就不会生气，但我想还是有不少人做不到不生气。如果是因为性格问题，这是没有办法的事。但是这种做法，对比赛是极其不利的。所以如果想在比赛中取得胜利，对自己无能为力的事情，要尽力做到控制好自己的情绪，千万不要感情用事。

就游戏而言，在游戏过程中有可能会发生任何事，而且不仅仅是这些事。

比如说，有过这样的一件事。

现在几乎所有的街机厅，都给机器安装了最新式的维护罩，但之前并不是这样的。以前都是用很难用的拉杆和按钮。虽然事前会向店员要求维护设备，但是先做好达不到预期的准备，因为按钮和拉杆同时好用的情况少之又少。

如果你讨厌某家店的设备，不去玩就可以了，但是如果你已经开始玩后才发现，那么只能勉强接受了。

但总有人遇到这种情况会抱怨连天。这样的人，基本上战斗力都不怎么强。他们在比赛当中，会犯更多的错误，会走更多的岔路。

我想这并不是偶然。因为机器不好用产生的后果，其实就属于不可抗力的一种。更何况，在地方的大型比赛中，使用哪一台机器不是我们有权决定的。

也许到时候，你要使用的那台游戏机状态就很不好。比赛时，“很讨厌那台机器”的这种想法，很明显是对自己不利的。甚至可以说，比赛之前你就已经输了。如果你还有精力抱怨这些，还不如转换心情接受现实更好一些。而且，所有选手面对的情况都是一样的。

不管是以前还是现在，在大赛当中总有一些自己无能为力的事情。我和 Ricky 的比赛就是其中的一个例子。

最近的一件事，由于主办方的失误，比赛中使用了并不适用于比赛的电脑程序。中途发现后，比赛只能记作无效，然后重新开赛。于是，我的胜利果实被取消了，但我也能冷静地继续进行比赛。结果还是赢得了比赛，但这不重要，重要的是我能像平常一样对待这样的比赛。

也有的选手因重新比赛，出现了前后成绩不一样的结果，也就是重新比赛结果输掉了游戏。这是因为前一次作废的比赛，对下一场比赛多少产生了不好的影响。我想，虽然看不到其他选手，但他们可能会因自己的责任而感到懊悔吧。不过，这样的经历会成为一个很好的经验。连我都可以应对得了这种情况，其他人下次一定也会做得更好吧。

面对无能为力的机器，喋喋不休地抱怨它的不完备，这样的人多数情况下战斗力不强。

器材的问题可能会对游戏的进程产生影响。因为这是每分每秒都在发生变化的世界，所以有一点小插曲都会对游戏产生或大或小的影响。大赛的工作人员已经尽量把一切都准备好了，但是即使这样，也会有掌控不了的事情发生。

这时候，最重要的应该是事先想好如果出现不可抗力的事情应该怎么办。在我玩的《超级街霸 4》中，有一种叫作“押帧技”的连打技巧。游戏每秒有 60 帧画面。[①] 被要求的最小的输入单位就是一帧。根据引擎

---

① 《街霸 3》以及之后的一些格斗游戏，包括《铁拳》《刀魂》等系列新作，都是每秒 60 帧动画画面，有动作细腻、画面流畅的特点。

和配线情况，有时候画面会以肉眼察觉不到的速度错过去。这时候“押帧技”的成功率就会下降。

所以，事先要做好准备如何应对突发事件。是选择即使这项技能的成功率下降了也要果敢进攻呢，还是采用威力较低的战术妥协？并且，一旦决定采取哪种战术，就要做好面对采取这种战术所带来的结果的心理准备。决定不妥协采取进攻的结果有可能并不好，甚至导致整场比赛的失利。当然，也会出现相反的情况。

想要变强就要接受自己无法改变的事情。这并不是要求你像羊一样温顺，应该表达的还是要大胆地表达出来。这个时候，不需要感情用事。接受现实，然后根据状况做出必要的调整，这是变强的捷径。

## 如果处于劣势，暂且退一步

因为感情用事就会受其影响，在多数情况下，自己也不会发挥很好。

这个时候，也不是要求你强制性遏制自己的情绪，而是暂且退一步看看。面对不喜欢的对手，用自己的感觉来应对比赛也可以说是改变自己的视点，切记要退一步看。

在比赛过程中，很多玩家在处于劣势的时候很容易感情用事，或者叫情绪化。如果被焦虑的情绪所控制，那么视野就会越来越窄。于是，原本能看到的就会看不到，原本可以注意到的就会注意不到，玩家的实力就会下降，再加上如果我的实力上升的话，对方和我的差距就更大了。这就是我能取得压倒性胜利的重要原因。自己削弱自己的实力，让冷静的对方轻易取得胜利，就是这个道理。

处于下风的时候，为了“整理”事态，需要先退一步，之后要静观其变。可以先不考虑退一步之后的事情，总之，先退一步就对了。

在战争中，如果率领100名士兵进攻，一下子有30个战士阵亡了。这时候你首先要做的是先把人集合起来，然后什么都不做。这种情况和我们现在玩游戏时遇到的情况极其相似。不抵抗也没关系，首先集合。其间可能会再阵亡10个人，但总比用已经破坏的队形来继续战斗更加明智。拿出勇气，整理战况。

这种情况在格斗游戏中表现得尤为明显，士兵的数量就是实力，处于劣势还要强行进攻，体力就会大大下降。所以这时候，明知体力还会下降，首先要做的就是要退一步。

但是，退一步只是自己的内心活动，在画面上如何展现、要不要展现是另外一回事。首先考虑一下如何收拾残局。

暂且退一步，就能从全局的视角来思考目前的状况。这样慌乱的心情也能慢慢地冷静下来，之后的事情现在可以开始考虑了。

我们的目的就是不输掉比赛。还记得我们之前提到的视点的问题吧。比赛当中是有重点可抓的，但是在局势不明朗的情况下要想赢是不可能的。如果用了这一方法还处于劣势的话，那么就更容易感情用事了。

发现自己处于劣势之后，首先整理战况。然后再找出关键点，做出不会被杀死的对策。处于劣势的情况下，如果关键点被对方控制了就不是一场精彩的对决了。所以，一定要掌握关键点，这是一种对策。

简而言之，就是绝对要避开致命伤。如果被大炮轰了就会毁灭，那么只要避开大炮就可以了。由此，事态就会慢慢变好。不必一步到位地什么都要解决。你现在能做的就是整理自己的想法，越是不顺利的时候，越要做切实应该做的事情。

在格斗类游戏中，有很多种攻击方式，比如击打、踢、投，使用飞行道具，等等。在这几项当中，只要是有意识的主动攻击，如果击打成功，就可以采取下一步的行动了。

在正常情况下，游戏中该观察到的情况还是需要集中精力观察的，但是在处于劣势的时候，很容易感情用事，这时候该观察什么连自己都不知道了。这就是注意力不能集中的状态。

切实考虑自己当时能做的，然后去实施，这样你的思绪就会慢慢地清晰起来。该观察到的也能观察到，消失的注意力也慢慢回来，对战的节奏也慢慢掌握了。这样这场比赛就不会搞砸了。

## 在完全失利的情况下逆袭的理由

处于劣势的时候首先“整理”战况，这是逆转局势的第一步。

处于压倒性优势的时候，很容易让人产生“赢了”的感觉。尽管当时还没有赢，但有那么一瞬间还是会禁不住这样想。这可能就是人性的弱点之一。

即使在对方觉得自己取得胜利的情况下，也可以整理事态，一点点挽回局势。这样你和对手就都有相同的机会，对手开始被你压制住，就会露出弱点。这样在精神上就会对自己有利，继而就会逆袭，取得最终的胜利。

但是，这只是很偶然的情况。虽然我大多数的逆转都是通过这样慢慢分析事态，一点点进取取得的，但失败的例子也不在少数。

在比赛中，最厉害的就是“相互攻击”这种状况。如果在人数上占有优势，双方通过不断攻击对方这样就能取得胜利。但是，就我而言，如果处于领先地位，我就会考虑如何掌握对方的节奏。

自己手里的士兵只有 30 人这样的状况是绝对不允许出现的。当然，如果是对方出现这样情况就再好不过了，因为这是一种十分不利的战况，可以说败局已定。如果说对方有 100 人可以调动，而我这一边只有 30 人，那么客观地讲，这就不是你想翻盘就能翻盘的差距了。在面对如此大的胜负差距的时候应该怎么做呢？大多数玩家遇到自己这边只有 30 人可以调动的时候，会容易感情用事采用全军突击的战术。甚至有的玩家遇到这种情况会孤注一掷，自暴自弃，最后输得很惨。

这种感觉就像“反正这样下去也会输掉比赛，那就和城池共存亡吧”。我明白玩家当时的心情，但是，如果你还想取得胜利最好不要这么想。话虽然难听，但是如果你真的那样想，基本上就跟死狗一样了。

当然，这也不是说你一定不会赢。成功率虽然很低，但也是有极少数成功的。所以就会有人这么想：“如果不是零的可能性，那总比什么都不做强吧。”

还有人会想：整理事态之后，很多时候还是会输对吧？那还不如突围呢。

我想让这类玩家切实地体验一下到底是哪种方法逆转的可能性更高。不出意外的话，应该是在重整事态之后再去应战逆转的可能性要高很多。

在那场著名的“背水一战的逆转剧”中，我和贾斯汀在“EVO2004”的对决中，我曾经一度处于完全失利的状态。我能完成逆转也仅仅是因为我做到了不感情用事，坚持自己的打法不慌乱，做了自己应该做的事情而已。结果是我胜利了，我也并没有觉得我用了什么特别招数和手段。对于我来说，那场比赛并没有给我留下什么特别大的印象也许正是因为如此吧。

## 即使输了，也要用自己的打法输掉

整理事态就是逆转的开始。但这并不是因为有逆转的可能性才这么做的。逆转只不过是顺带产生的效果，我们的目的在别处。那就是不破坏自己的应战方法。在比赛中，保护自己的打法不受破坏是最应该做的事情之一。

一直以来我都很重视一件事，那就是同样是输掉比赛，我选择不感情用事，用自己的打法输掉比赛。控制好自己的感情，做自己最该做的事情是排在第一位的。输赢只是一个结果。

只要保持住自己的打法，那么失误也不能称为失误了。这一点还可能和逆转息息相关。而且，即使输掉了一场比赛，也不会让自己的劣势延续到下一场比赛中，还可以以良好的姿态迎接下一场比赛。即使现在状态不是很好，但状态会慢慢回来，胜算也会大大提高。如果你有这样的认知，那就是用正确的方法应战了。但是，如果你在控制自己的情绪这方面输了，选择在不利的情况下突击，那么你的打法就受到了破坏。当你缓过神来准备迎接下一场比赛的时候，因为你的打法已经被破坏，所以不是那么容易就可以恢复的。

甚至在很多情况下，你的感情不受控制，空有一腔热血的状态会一直持续下去。这样你的状态就越来越差，胜算也就越来越低。更有甚者，第二天的状态都会不好。

如果第二天有所好转当然好，但是有时候也会留下致命伤。我在比赛中就有过这样的时刻，我那时破坏了自己的打法来应战，最终比赛胜利。你可能会想，赢了比赛总比输掉要好吧。这样想你就大错特错了。

## 有好的胜利，也有好的败局

当比赛中出现你实力达不到的结果时，你一旦采取了打乱自己阵脚的方法，那么这就成了迎战的基础。这很危险。用暂时的误导性的成功作为基础还谋求最后的成功，是不可能一帆风顺的。所以，当进程不顺利的时候也不要改变打法，更不要有这个想法。

因为这是超出你自己实力的结果。仅仅从结果考虑的话，超出实力的结果也可能是非常成功的。因为你采取了跟自己实力相匹配的做法，这一定是正确的。对此其他人深信不疑。因为对自己的实力深信不疑，所以不会听取别人的意见，也不能听取。

有些人只根据结果来评判好坏。赢了就认为是正确的，输了就说是错误的。乍一看这没有毛病，但却是大错特错！如果听取了别人毫无责任的发言随波逐流，如果你没有慎重考虑这件事的话，最好还是停下来考虑一下。

很多人没有察觉到这一点，破坏自己的打法，自乱阵脚其实是件很危险的事情。如果有好的赢，就有好的输。如果不能及时地控制好自己的情绪，去做自己该做的事，那么后面就会变得很糟糕。

## 越是弱小的人越不能忍受眼前一时的损失

即使输了也要保持自己的打法输掉比赛。这是我在玩游戏的时候想过的事情。我的麻将师傅 T 先生也有同样的想法。

在麻将的最后一局，假设 T 先生的牌处于赔 3 番和赔 4 番之间。这时候，T 先生手里摸到一张不错的牌，吃掉这张牌的话输了就只赔 3 番。我在 T 先生的后面看着他打麻将。多数情况下,T 先生都会按兵不动。在最后一局中，如果有不错的牌入手，通常情况下我们都会积极吃牌。反正吃不上的话，输了是要赔 4 番，那还不如积极吃牌。一般情况下我们都会这样想。

刚开始接触麻将的时候，我也是这样想的。

“你为什么不吃牌？”

面对我的疑问，T 先生对我说：“我不想在最后一局把牌搞得乱七八糟。”

按照之前 T 先生不拘一格的性格，我不知道他是认真的还是在开玩笑，但是看得出来他当时不想一一解释给我听，就没再多问。

这个T先生是我在麻将馆里见到的麻将打得最好的人。所以我想他是不是有什么秘诀呢？我决定模仿他的做法。

模仿之后我才发现，原来他是为下一场比赛做准备。为了准备好下一场比赛，他要从前一场比赛开始就整理自己的节奏。

但是，这样看来这场就要做出牺牲。从长远的眼光来看，与其追求现在少赔一点的打法，不如整理自己的节奏，迎接后面的更多更好的结果。

这就是强者的思维方式。

如果你真想挽回局势，认真应战的话，战局也可能会逆转。但是很多玩家会感情用事，使自己陷入更加糟糕的泥沼里。如果只是拘泥于过去的损失，一心想着挽回损失，自乱阵脚，那样谁也救不了你。

## 比起不切实的压倒性胜利，60 对 40 这样的比分更能显示出你的强大

更重要的是不仅仅是在失利的情况下，在处于有利的情况下，更要保持自己的风格不变。

游戏一开始就击倒对方 70 人当然是压倒性优势。这样常常采取的战术就是一气呵成，迅速结束比赛。但是，这种情况就像你处于劣势想一鼓作气突围一样，你被焦躁的情绪所影响了。

如果要说和处于劣势时有什么不同的话，那就是马上就能看到结果，或者说也可能出现不想出现的结果。因为原本处于优势，结果多半是赢也是理所当然的事。

这样一鼓作气的玩家的心情是可以理解的，但是绝对不会长久。另外，如果玩家意识到和自己原本的战术有出入的时候，想要修正是件很困难的事情。之后即使连受挫败，也不可能回到原点。

即使比分是 100 比 30，我们也要坚持原来的打法。

要有这样的觉悟，就是在打倒对手之前要有足够的耐心坚持一步一步坚实地将他击垮。

在处于优势时也不要心急，大比分领先也要保持冷静。如果在情绪上输了，不够冷静，想要对对手穷追不舍，那么只会迎来当头一棒。按照自己的节奏像平常一样对待就不会轻易输掉。

如果面对狗急跳墙、突然进攻过来的对手，你也急急忙忙地应战，那么战况就是一片混乱不可收拾了。混乱引发混乱，状况就会无法控制。这就是所谓的菜鸟玩家之间的“沼泽战”。这时候，不论是想尽快结束战斗的，还是不想输掉比赛的，双方的战术都乱了。

这种无秩序的状态，可能是技术不好的玩家造成的混乱局面，导致的直接后果就是令处于弱势的一方也陷入一种奇怪的状态当中。因此，即使处于压倒性优势的时候，我也选择不把对方逼得太紧。

所谓的奇怪的状态是什么意思呢？有一个词叫作“狗急跳墙”，就是指人失去理智的状态。

一个人完全失去理智就会采取一些毫无道理的行动。这样之后的比赛也会朝着毫无秩序的混乱的方向展开。

当你不知道对方想要干什么的时候就会存在很大

的风险。虽然最终他会自取灭亡，但是很有可能你也成为他的炮灰。带来的坏处就是自己积累的经验和技术都变得毫无意义。

所谓制定游戏打法，是指一个人在认真的状态下所做的思考和想法。对于“疯子”是不成立的，话虽然难听了一点，但就是这么一回事。

适当地给对方留出一点选择余地，就可以保证良好的对战状态。自己进行得很顺利，如果太得意的话，很有可能陷入走投无路的混乱之中。“考虑下比赛的流程，不能一味地只考虑一方，尽量也让对方不陷入混乱、按照正常的流程走下去。”在比赛中要有这样的意识，有意识地让对方行使行动的权利。

所以，当你判断出还不是时机的时候，即使当时你可以一鼓作气将对方击倒也不要这样做。如果你这样做了，自己的队形也会遭到破坏。当然也有的人在击倒对方的时候毫不手软吧。这是每个人的方法问题，如果是不破坏既定战术的情况下，可以给对手沉重一击。

继续使用你平时一直使用的战术，让对方也在知道你的路数的前提下安排自己的战术。所以我们想要这样的比赛效果：尽量排除不知道对方想要干吗的偶然性，在比赛结果中拿出自己的真正实力。

在比赛当中，让对方以为自己要赢了却没有赢是最强的战术。没有必要将比赛打成 90 比 100，因为 60 比 40 的结果可能会更好。当然赛况瞬息万变，每个场次的对手又可能各不相同，但是我觉得这种结果是最让人满意的。

GAME THREE

# 所谓的成长就是改变

## 23岁

斗剧 2004

## 为什么会在首回合中输掉比赛了呢？失利总是有原因的

2003 年，一个叫作“斗剧”[①] 的新格斗游戏比赛拉开了大幕。斗剧这种大赛，在日本最开始的时候是以几种不同主题同时进行淘汰赛。

在此之前，这种大赛都是由游戏开发商主办的，所以大多数大赛主题单一。而斗剧是由一个叫 *Arcadia* 的杂志和几家游戏开发商共同举办的，所以才可以有不同的主题。

2003 年，我参加了第一届斗剧大赛，但是 2004 年举行的第二届大赛留给我的印象更加深刻。先说结果，第一届我输了，因为这届大赛我采取了错误的战术，在诸多主题游戏中，我参加了《街霸 3》《罪恶装备 XX 之重装上阵》（Guilty Gear XX#Reload）和《CAPCOM 对 SNK2》这三款游戏。

---

① 知名街机类游戏比赛。

这款游戏我第一次上手。该系列游戏是由一家叫 Sunny 的开发商制作的。在此之前，除了 Street Fighter 系列开发商制作的游戏以外，我几乎没有和别人对战过其他游戏。

虽然同为格斗类游戏，但根据不同主题，玩家的游戏团队是存在很大差异的。大体区分的话，对战的格斗游戏分为 2D 和 3D，所谓的 3D 就是像《VR 战士》（Virtua Fighter）和《铁拳》这种有深刻内涵的游戏。现在，我经常玩的就是《街霸 4》这样的 2D 游戏。虽然游戏的性质各异，但是基本上都是使用各种招术将对手击败出局为目的。

尽管各种各样的主题被系列化，但是对粉丝们来说，都需要组成团队。虽然存在各式各样的主题玩家，但不管是哪一种都是少数派吧。虽然这只不过是我的个人感觉，但我认为报名人数最多的应该是特定系列的最新作品。

所谓每一种不同主题都有专门的玩家在玩，就是指这些由不同玩家组成的团体。所以每一个团体都有不同的个性。

《罪恶装备 XX 之重装上阵》这款游戏不同于以往

的格斗游戏，具有超高的人气。根据动漫迷们特有的世界观，深入采取了之前格斗游戏所没有的趣味方式，形成了一种可以称之为“罪恶之势”的大团体。而且，这种新的热潮又给格斗类游戏带来了新的生机。我正是沉迷其中的一员。

那时候，我对对战类游戏的理解总是很透彻。2000 年的《CAPCOM 对 SNK2》之后，很耐打的 CAPCOM 公司制作的游戏还没有开发出来，有段时间我也是消极应战。

新作品总是能刺激玩家。玩家的眼睛里，会闪现出不同的光芒，之前一直积累下来的实力会迸发出来。

之前输过的玩家大概都会有这样的心情吧：新的游戏，我一定要赢啊！

在这种充满霸气的环境下，玩游戏会感受到久违的、充实的乐趣。

话虽如此，但是在《罪恶装备 XX 之重装上阵》发售两周以来我都没有赢过。有些玩家从 2000 年就开始玩《罪恶装备 XX 之重装上阵》，我在做经验和知识储备，跟他们还是存在很大差距的。

虽说是当时的新贵，但名为“罪恶之势”的这个电竞团体的礼仪真不敢恭维。和别的团队作战时，他们总是毫不客气地把对方打得落花流水。甚至有些开始还一起的玩家，因这种傲慢的态度退出了这个团体。

让这些家伙闭嘴的唯一办法，就是彻底打败他们。就是说，只要打赢他们就能平息一切。在现实社会中，为了厘清复杂的人际关系，也有必要抓住根本，提纲挈领、不断与对方斡旋吧。但是在游戏世界里，说得简单一点，只要能打败对手，不管他们之前闹得有多大，都没有了他们的立足之地。这也许正是对战世界比现实世界好的一面吧。

为了能早日赢得比赛，我不断地在街机厅练习比赛。经常是街机厅一开门就进去，打烊了才出来。这样的练习能否发挥出它的作用呢?

两周之后，我感觉有了胜算。

斗剧的《罪恶装备 XX 之重装上阵》是 3 人对 3 人的团体赛。

对于这款游戏我是一个菜鸟。不管是从心情还是角色上，作为一个挑战者参加比赛我很开心。我的队友们也能以这样的心情和我并肩作战，没有比这更好的事情了。

为了组队，我和两位之前一直交过手的玩家保持着联系，他们曾经在《街霸》系列中和我频繁对战过。这两人在《罪恶装备》系列的问题和我有着相同的想法和感受。

因为有相似的立场，我想通过练习如果能打败“罪恶之势”的话最好不过，但是这两个人完全没怎么练习。

我不喜欢唠叨，心想不管怎么样他们也一定会全力以赴吧。所以暂时没有说什么。但是，后来他们也完全没有要练习的意思。最终，我宣布不和他们组队。虽然格斗游戏中有 3 人对 3 人也有 2 人对 2 人的打法，但是中途解散自己团队的事情也确实发生了。

总之，不能一个人参加比赛，我必须再找人组队。在物色新的搭档时，我在“罪恶之势”当中发现了一个感觉不太一样的人，他就是 Moritz。

## 只有取胜的意识，在比赛中还是不能变强

Moritz 是一种统称，你可以把它理解成像笔名一样的东西。从小学时代开始，我就一直使用自己的本名“梅原”，像我这种情况很少见。大多数玩家都沿用游戏中大家给起的外号或者自己起的外号。

Moritz 当时二十多岁，比我要小。现在，我在格斗游戏中也算是年龄较长的老手了，有很多后辈。但在我十几岁的时候，几乎所有玩家的年龄都在我之上，并且这样的情况持续了很长一段时间。所以，当有一个比我年轻的实力者出现时，我有了一种新鲜感。我认识 Moritz 就是在这个时候。

他给我的感觉就是他只在思考比赛，沉默、安静的比赛风格也给我留下了深刻的印象。虽说大家都是格斗类游戏玩家，但目的却不尽相同。大多数玩家都像我一样，想要变强是他们参加对战的目的。然而，聚集在一起的并不都是这样的人。也有人喜欢大家聚集起来并肩作战的这种氛围。 对于他们来说，比赛就

成了一个附属品，而组队就仅仅是一个交流的工具。包括我在内的全员都有这两方面的原因，主次比例因人而异。

虽然当时有实力更强大的玩家，但当时我觉得这个人会是最佳人选。对于有过解散团队经验的我来说，这种感觉总能带来更加深刻的印象。

于是，我在街机厅试着问他：“我在寻找合适的人选，咱们组队吧？”

于是，Moritz 很快给了我肯定答复。我告诉他另外一个人选按他的心意来就行，于是他就带来一个叫 MO2 的好朋友。这样我们 3 个人组了一个新的团队。

通常情况下，格斗类游戏最先开始出现在街机厅，是那种拱桥式的，后来才出现家庭版。而《罪恶装备XX》是一种可以在家庭里玩的游戏，这种情况还是比较少见的。因此，我们三人在家里进行了练习。我自己很投入，他们也很认真地对待。

但是，和那些最先玩这款游戏的人相比，我们掌握的信息还是明显太少了。

一旦接近游戏团体的中心，有用的信息自然就会多起来。即使自己在行动和技能上有困惑的地方，只要处于游戏的中心位置，就能收集到有利的情报，得以反击。这和少数几个人边玩边尝试所达到的效果是不一样的。因为距大赛的时间很短，备战时间不充分成了我们的劣势。

边玩边试的这种做法，到后面比赛的时候会影响比赛进程，但是在时间如此紧迫的大赛前，能用得上的方法也并不多。

目前，网上对战游戏的海量信息会以最快的速度得到更新，玩家们获取信息的差别微乎其微。但是，当时的网络环境并没有这么完备。自己处于一个什么样的团体，和什么样的人接触，对掌握信息的质和量有着很大的关系。

现在，位于新宿山田的电器游戏中心，每天都聚集很多一流的玩家。我从那里可以观察到各类玩家。我想，其他地方的人不一定有我这样的便利条件吧。

不管怎样，我们三人进行了反复练习。但是Moritz一直不太顺利，这成了我的烦恼。

他是个非常认真的人，很认真地对待这次比赛。他也确实在增强自己的实力，但总是赢不了。当我想着可能大赛前我们都不可能备好战的时候，大赛一周前我们突然赢了。

在斗剧比赛中，有一个大事件叫作“前夜祭”，在这场比赛当中，Moritz 取得了胜利，连他自己都很吃惊。之前我对别人的胜负这件事并没有什么兴趣，但是这次我很开心，并且长长地舒了一口气。

暂且不论时间点，这种情况是常有的事情。实力明明不停增长，但就是不能取得一场胜利。可是如果这样坚持不懈，某一时刻突然间开始赢了，这时仿佛有一下子取出自己全部存款的感觉。我自己也有过几次这样的经历。

趁着这样的手感，我们迎来了真正的大战，结果在第一回合我们就遭到惨败。

当时我就想：为什么我们这么努力地练习，却在第一轮就惨遭淘汰了呢？之前参加的比赛，有好几次我都是一次性取得了胜利。这次，我想只要我发挥得好就没有问题吧。而且我在团体赛中也赢过。

但残酷的现实是，在首轮比赛中我们就惨遭淘汰。

现在冷静下来思考一下，我们的失败是必然的。

当时，我们的心情是“有漏洞”的。想要赢得比赛的心情和愿望固然很重要，但如果我们过了火，一味地以这样的心态去练习的话，我们的战术就会僵化。反之，那种想要变强的战术，能促使我们成长的战术就会有所欠缺。

这种做法会产生焦虑，在不知不觉中我们会自乱阵脚。最糟糕的情况就是把失败这件事责怪到队友身上，这其实是一件很丢人的事情。我们花费那么多的时间和精力投入这件事中来，到底是为了什么呢？

考虑到整个团队的实力，在斗剧比赛中，我们原本能取得比这更好的成绩。然而，第一回合就战败成了我们的一剂良药。虽然当时很不甘心，反复想这是为什么呀?!

但是现在可以心平气和地感谢它了。

单纯地考虑比赛这件事，“结果等同于实力”这种做法和想法可能是正确的。

但是，如果对象对于自己来说不是一时的事物时，自己的内心深处还是应该让自己成长，这样的想法更好。这就是变强的捷径，比任何事情都值得让我们快乐。

## 转换心情试试看吧，这样想却取得了意想不到的胜利

有一场比赛可以和“斗剧 2004”形成鲜明的比照，下面我说一下那场比赛的情况。

那就是“EVO2009”。

2009 年 1 月，CAPCOM 公司举行了《街霸 4》全国大赛；3 个月之后，我受到美国举办的“《街霸 4》美国锦标赛总决赛”的邀请，参加了在美国举办的《街霸 4》胜利者的大聚会，来自日本和韩国的玩家，在这次大聚会中也会以比赛的形式参加，这样就形成了三足鼎立的局势。

在此之前的全国比赛中我输了。所以本来是不可以参加这次比赛的，但是我得到特别招待被请了过去。结果，在日本职业大赛中取得胜利的伊予和我两个人出席了此次大赛。这样三足鼎立变成了四足鼎立。

此次我打败了日本代表伊予、韩国代表 Poongko 和美国代表贾斯汀这三位全球顶级玩家，取得了比赛

的胜利。

那年给优胜者的奖品就是当年 EVO 的邀请函。

当时，我还在做介护的工作。

如果我请假，就会给当时的同事增加麻烦，而且我也打算把玩游戏当作自己的一个兴趣爱好。所以当时我的想法是，到底有没有必要放下工作去参加比赛呢？为此我还是犹豫了一阵。最终，既然觉得受到了特别邀请，抱着轻松的心态去看看也不错啊，于是决定动身赴美。

我没有专门针对 EVO 做过特别练习，也没有想到自己会赢。虽然我对自己的水平比较自信，觉得自己可以发挥得不错，但还是感觉和大赛中取得胜利不一样。

EVO 的规模很大，仅《街霸 4》的参赛人员就超过了 1000 人。因为 EVO 没有一个识别系统，所以什么时候在哪里遭遇强大的实力者谁也不清楚。有些冠军候选人会在第一回合就短兵相接。所以，取胜很难是大家的共识。这就是单纯的概率问题。

在美国的粉丝也都知道我回归游戏界了。加上在“《街霸 4》美国锦标赛总决赛”取得的成绩，就更加受人瞩目。

根据 EVO 的比赛规则，大赛一开始我和贾斯汀对战，结果我赢了，而贾斯汀转战复活赛。他是个有很多经验的老手，在复活赛中一路取胜，最后在决赛当中我们再次相遇。

这次决赛是一场硬仗。刚开始我领先，但很快被贾斯汀反击。最终虽然十分危险，但我还是笑到了最后。

在我取胜的一瞬间，超过 3000 人的粉丝纷纷站起来欢呼，有人甚至一边大叫着一边喊着“野兽（The Beast）”，我和 Justin[①] 握手祝贺。（在海外，粉丝称我为“The Beast”。）

和会场热烈的氛围不同，我的内心十分平静。我仍然记得当时的想法：“我是在这样的状态下赢的啊。”

总之这次 EVO 的比赛，我是在轻松的状态下赢得胜利的。完全没背负任何压力，不是想着“一定要赢”，而是“跟着自己的感觉走，自然感知游戏画面”。

---

① Justin Wong（1985— ），美籍华裔知名格斗电竞玩家。

自从我退出游戏界，经历了很多，再次回到游戏界，感觉游戏真的是个好东西，随后心态自然而然就发生了改变。

我想，Justin 打得也很吃力吧。如果只是考虑输赢这件事，我也想遇到这样的对手。

2004 年的斗剧比赛当中，因为我太想赢了，所以从战术到实际操作都发挥得不怎么好。而这次的 EVO 所处的状态正好和斗剧时候相反。所以对我来说，我争取了一个能赢得比赛的良好状态。

这场比赛影响很大，在美国我被大家说成是“野兽回归了”并且广为流传。

同年秋天，我收到美国周边游戏制造商 Mad Catz 的邀请，签约成为职业玩家。

## 不承受任何风险的做法就是最大的风险

曾经有后辈问我："我们为什么要成长呢？"

确实，我们并没有必须要成长的义务。但是，如果你能每天切实地感受到自己成长的时候，无疑是最快乐的。

而且，你付出努力，获得成长，你遇到的困难就会越来越少。反之，如果你没有成长，感觉很容易就会陷入困窘之地。

认真对待你就能生存下去，可以的话，我们都想这样生活。但是生活并不是都如我们所愿，现实并不是这样。就我所知，很多认真、善良的人们也会疲于应付频频出现的各种状况。

我想，有时候我们也不会去争胜负，就是单纯消极地做着防御。

在游戏的世界里虽是如此，但在创作某一项热门事物的人来说，却是在冒着相当大的风险。而后面进来的人不必冒任何风险，只要享受前人开拓的成果，做出防御就可以了。

但是所有的门类，它的成果总有被分享完的时候。这时候你就不得不冒险，去开拓新的道路。这时，一决胜负的时刻就会在前方等着你。如果你只停留在原地，那么你只会输。

实际上，我想很多人在工作上被要求“要赢”。虽然自己不想去决一胜负，但是，现实情况不允许你这么做。

只是被逼着不得不去赢的人生，我想也没有什么乐趣可言吧。

经常被要求说“要赢，要赢”，这样早晚一天会筋疲力尽。

如果可以一边成长一边付出努力的话，那么自己会开心，也会有比较好的结果。所以，不把成长当成一种义务，而是去享受人生，把它当作不被这个时代淘汰的一种工作不是很好吗？

现在大家都在消极抵抗中早已懂得了“必须要这样做”的道理，而有些人也已积极地投入其中实践了，那么这个人就会赢。

在麻将比赛当中，如果你认为“只要输得不太惨就行”而采取保守打法，就很容易输得很惨。

过去有一种说法，就是应该以消极防御的战术打麻将。而麻将到现在也是一种拼速度和手法的游戏。

麻将里有一种叫作“赤牌”的规则。如果有一枚赤牌和牌，就能拿到额外的小费。如果是自摸，就能从三个人手里拿到钱，这样赢面更大一些。

如果得知对方手里有这张赤牌，那么就必须阻止对方和牌。因为如果对方一旦和牌就要支付额外的费用。所以，哪怕自己不和牌也不能让对方和牌，安全打牌。我是这样想的。

然而，即使自己再怎么想方设法不去点炮，可如果对方自摸的话，结局还是要支付费用。

现在的共识变成了不管知不知道有没有这张赤牌，要把自己和牌作为目标来打牌。因为拖拖拉拉很可能给持有赤牌的人提供和牌的机会。因此，比起出赤牌更要注重打牌的方法。也可以认为是通过积极主动的战术来减轻风险吧。

最近像这样的事情屡见不鲜，那就是本来可以事先积极解决，却一定要消极防御，最后自己承受损失。

为了不被淘汰，小心翼翼地应付，最后还是输掉。

如果一开始就不承担任何风险，那么结局就注定是要失败的。

即使有失败的可能性，也以良好的状态积极迎战，那么即使当时于事无补，但你也在持续成长，下一次、下下一次比赛中就能有更好的成绩。

我想，如果以这样的姿态存活于世，那么最后就能保护自己。

## 行动力、观察力、听力这三项是“强大”的三要素

行动力、观察力和听力，拥有这三项技能的人无疑是有实力的玩家。但是几乎所有玩家都欠缺其中的某一项。

有的玩家很有游戏的敏感度，但就是不能稳步迅速地展开游戏，是因为他的听力太差了。

有的玩家知识技术丰富，但是也有弱点，那就是没有行动力。

有的玩家既有很好的听力，也很有行动力，但就是在内容上没有突破。这是因为他没有观察能力。

这几类人几乎涵盖了所有的玩家。

可以得到各种信息的观察力，给人的感觉是很能体现玩家能力的。

没有行动力的人都有一个共同点，特点就是抓住了太多的“风险”，总想着“这也是损失”“那也是损失”。眼前的一点损失都看在眼里，对手的一点行动都很在意，被自己束缚得动弹不得。

虽然不能说完全没有风险，但我真的认为没有必要那么在意吧。

虽说是从游戏观察力的角度来说的，但是不管是比赛还是别的什么，如果没有全局观点，就不能有正确的行动。否则就会只关心眼前的得失，出现问题时就会不敢采取必要的措施。

我在打麻将的时候，曾经只考虑一局的得失。其结果呢？就是我的麻将打得很不好。

如果每一局都想取得胜利，面对一点失败就会变得惶恐不安，那就不能有大的行动。如果以这样的姿态去比赛，不仅自己不能抓住机遇，还会逐渐开始期待他人的失误。想要每一局都能赢，这虽然可能看起来不错，但现实完全不是这样的。

我能说出这样的话，是因为我在格斗游戏和麻将中尝试了很多不同的方法，在这两方面有着丰富的经历。

用什么样的理念去面对一件事，思考的流程是不同的。

如果有大局观念，到哪一阶段是允许失败的，是可以预见和允许的。如果自己的视野够宽，那么就会明白一点点的失败和风险根本不算什么，这样自然就会有行动力。

但是只看到眼前，就会惧怕哪怕一丁点儿的失败。

前面我讲过，有一个后辈 Tokido，作为东京大学毕业的职业游戏玩家被大家熟知。他就是一个典型的欠缺大局观念的人。

因为他的想法欠缺全局观念，在格斗游戏的对战过程中，只考虑某一处的情况，是个只追求眼前实利的玩家。到后面这种情况一直出现，是因为他没有切实地感受到得中有失吧。对于一个玩家来说，如果没有行动力，那么游戏就会变得十分无趣。顺利的时候还好，如果被对方利用这一弱点牵着鼻子走，你就会变得很被动，变得害怕失败，场面变得单调，结果会一直朝着不好的方向发展。

作为对手，我们经常见面。有很多不是比赛的时候，我都想对他说：

“喂喂，适当的时候放弃一些东西，结局反而对你好！”

现在，他也在挑战着改变自己的风格。因为如果一直和世界顶尖级的高手对战的话，一直以来的做法迟早会受到限制。当然，对他自己来说，也是那套方法让他成为专业水准的游戏玩家。既然要做出这么大的改变，可见他也是下了很大决心的吧。关于这点经历在他的著作里也有记载，读一下应该会比较有意思吧。

如果有大局观点，就能有大的行动。即使没有正确的视点也没有关系。重要的是有“如果有这样的视点会怎样呢”的想法，还有就是照着这样的视点有所行动。这样，自己也会在游戏中感觉更加自由。

为了成长，有时候不仅是在需要的时候调整自己，也有很多人想在发生变化的时候通过微小的调整达到其目的。但是这种无关痛痒的小动作要不得，要下定决心做出大刀阔斧的改变。否则不能改变自己，也不能成长。

成长的时候不能畏畏缩缩，改变的时候就要下定决心改变！

## 如果不把观察和直观感受付诸行动就会变得迟钝

实力强大的玩家会把行动作为一种投资，考虑到它的有利一面。

实力软弱的玩家会把行动作为一种风险，考虑到行动消极不利的一面。

我认为可以这样说：

并不是因为有所得才去行动。强大的玩家都懂得，要用行动把自己的实力发挥到极限。

比如说，你有很明锐的洞察力，能预测到对手的下一步行动，但是如果仅仅停留在思想层面，不去行动，那还是无济于事。

只想着“可能会怎样”，谁都能做到这一点。然而什么都不做，事后却说“我就知道是这样”的事后诸葛亮是没什么真本事的弱小玩家。强大的玩家，既然自信能预测事态的发展，就会付诸行动。

如果这样的洞察力和直观感受不运用到行动当中就会变得迟钝。如果你有这样的感觉，好像道理上不应该这样做，但是感觉这样做比较好，那最好付诸行动吧。我曾经一周不使用我的直观感受来玩游戏，直观感受就失灵了。想要找回这样的感受很花费时间。

预测虽然可能不很稳定，但是付诸行动、积累经验，准确度就会逐渐提高，即使结果不好，也是一种经验，将来就能运用到下一次的比赛中去。

等什么都确定下来再去做可能比较安全，但是如果你的水平提高了，能预测对方的行动，就跟赢了对方一样。

完全不背负风险就是最大的风险。

所谓的“有行动力玩家”就是指“能够自主地展开游戏的人”。通过自己的不断行动，让游戏自己展开来。

所谓的“没有行动力的玩家”是指“只会应付对方的行动的人”。这类玩家只会等待对方出现失误，完全寄希望于对方主动采取行动，这样没有投资，也就不会有收获。

然而，这样的玩法也能达到一定的水平，当然他们只要求基本水平。如果大家水平相当，那么这种做法大多数情况下也能赢。并且根据游戏和人物设定不同，有时这样的打法也表现出明显的强势。

问题是，这种后发制人的打法如果出现在顶点，把一切都交给对手、交给环境，没有具备自己打开战局的能力。这时候，如果想提高自己的水平，只能从根本上改变自己的想法。

但是，人总是很难舍弃一直以来的做法，他不能够忍受一切从头再来。

如果到了不发生根本变化就不能成长的阶段，那么畏首缩尾将一事无成。要有重新建立核心的气概和觉悟。

当自己的水平达到上限的时候，大多数玩家就会趋向自己感兴趣的技能。这时候，如果状况向好的方向发展尚可，玩家毫无目的地接近一项新技能，失去了平衡，那么他会比以前更加弱小。

当你停止成长的时候，就要引起注意了。你应该认真思考是不是通过一点点的改变就能解决眼前的问题。

## 首先百分百相信别人的建议

成为职业玩家后，为了身体健康和转换心情，我经常光顾健身房。

比如教练跟我说：“我们来做一下这方面的锻炼吧。”我就会听话照着做。我从来不会自己提出建议说我想锻炼哪里哪里。

我自己觉得这是理所当然的事，但是意外的是，这样想的人却很少。不带任何疑问，完全按照被要求的训练，这样的事是很少见的。

当一个人给别人提建议的时候，对于建议的内容应该是有十足的把握的。多数情况下，当他说“我觉得你应该这样”的时候其实是想说“你就应该这样”。

换位思考一下，当你给别人提建议的时候，是十分确信自己所说的。所以当你听到别人说“应该是有什么情况吧”的时候，你一定会跟着他的思路想一想。你感觉到即使不全是这样，首先应该全部接受下来。

谁都不可能完全按照对方说的去做。因为，理所当然的对方也会有犯错的时候。但是，因为对方是敢于对我说这样的话的，所以会尝试一下他的建议。或者说，你心里一边想着“为什么要这样呢”“真的是这样吗”一边怀疑着一边验证。

这个对方是什么立场的人没有关系。如果不是特别不靠谱的人，我认为最好还是验证一下对方的建议比较好。

特别要说明的是，如果那个人是根据自己的经验说的，那么请注意，最好认真听他说，应该没有坏处。

情绪和自己的执念有时会蒙蔽双眼，使你不够客观，导致判断有所偏差，这也是很常见的事情。比如对花费时间这件事，有时会有毫无根据的自信：“之前一直做这件事，应该不会有错。”如果你只是过于自信还好，就怕只是在给自己打气，这并不是正确的做法，只是一种借口。

这和所谓的“之前正是做这个的，所以没有问题”的含义是完全不同的。

乍一看，都是相同的事物，稍微严谨一点的说法是“迄今为止一直做这么多的工作，所以这次也没问题”和“迄今为止一直是这样做的，所以没有问题”

这种细微的差别吧。前者是“工作量”的问题，后者是“工作质”的问题。

第三方的眼光往往是客观冷静的。而结果往往也是出乎意料地有道理。在我最得意的格斗类游戏比赛中也是如此，“那样组合的话应该这样打”“最好这样部署战略”，当有人这样跟我说的时候，我尽量都会考虑这一建议。

首先听取别人的建议，然后思考着去尝试。建议的正确与否并没有那么重要。重要的是通过自身的实践，亲身体会一下他人的想法。这个过程往往伴随着自己的变化、成长和一些隐形的提示。

## 直率地认为自己是“世界第一”的理由

听取别人的意见，意味着有时候要舍弃自己的执念。

比赛是建立在一定的规则和逻辑之上的。在比赛中，并不是谁的执念越强就越好，而是能行得通的那一方赢得比赛。这件事，是我在得到惨痛代价之后才领悟到的。

我曾经是一个很执着、钻牛角尖的人。

我自己在家玩格斗类游戏是在 11 岁的时候。我曾经天真地认为自己就是世界第一。当时的我是多么偏激呀。如果能穿越时空，现在的我回到过去见到那个自大狂的我的话，可能会笑出声音来吧。

当我自信满满地去附近的街机厅打游戏的时候，被打得落花流水。

“什么呀，世界上原来还有这么厉害的人啊！”

我终于醒悟了。当时既没有对战的经验，也不懂理论，输掉比赛是必然的事情，但当时的我还是有这样的感觉——我这么喜欢打游戏，我肯定是特别的存在！

我想大家年轻的时候，或多或少都有过这样的想法吧。那就是“我做的事情是特别的，我的个性是特别的”。

在不能持续取得胜利的日子里，我终于明白，这种自负只不过是自己的偏激、片面的想法。

这时候，人们的选择会分为两种：第一种是“没有才能放弃算了”；第二种是“暂时把自己的个性放一边，想要知道赢得胜利的方法”。

当我开始思考着怎样才能赢得比赛，为了赢得比赛应该做什么的时候，我已经自然而然地接受别人给我的指导了。在此之前，我一直只崇尚发挥自己的个性，认为如果接受别人的指导和建议，那自己的个性就会消失，这显然是大错特错。

## 积累经验产生的“个性差异”就是“个性”

不断地积累正确的事情所产生的结果就是“个性差异”，我认为这才是比赛中真正的个性。

什么都不积累，一味地按照自己的做法，认为这么有个性的只有你自己。从某一个角度来看这只是一种不成熟。

我曾经在天妇罗店打工。在那家店工作的时候，我认为自己对油炸食物方面有相当大的自信，但是几年下来还是不被允许掌勺炸食物。第一年只允许在前厅打杂，第二年只允许在后厨做帮厨，第三年才一点一点教会我炸食物。全体员工都是平等的，都有必须要做的事和必经的过程。

虽然我自己也反对那种无用的、不合理的方法和做法，但是这在某种程度上来说，还是有这样做的理由吧。

除了不成熟之外，个性有时候还被误解成一种偏见，这种偏见是由长期错误的做法造成的。这应该是一种单纯的习惯，最好还是和个性区分开来比较好。

另外，还应该舍弃那种表面上的刻意做出来的个性。一个人很有可能在不成熟的时候养成一种很不好的习惯。个性不是可以装出来的，而是自然而然形成的。

真正的个性，都是在日积月累地做出一些正确事情的基础上得来的。所以想要养成自己独有的个性，要做的还有很多。我在格斗类游戏行业也待了很长一段时间了，目前为止说到个性还没有很明确，和大多数人一样，我也用普通的打法，做着理所当然的事情，这难道不是按部就班的事情吗?

有时候会有人说:“您游戏打得真好呀。”

但如果在打游戏的某一个瞬间，对方能够感受到什么并且给予我支持的话，那么他就是专业水平的人啊!

也许有些人没有什么干劲儿，会想:“想要有个性需要做这么多吗?”

在一定程度上，好的结果会在积累后，自然而然地达到一定的高度和水平。我们现在还在追求一种最基本、最忠实水平的东西。但就是这种水平的东西，也会因为资质和行动力的不同而会有微妙的差别，像“个性差异”这样的东西就会显现出来。不知道这能不能称为个性，但是无疑，它至少可以称为个性的萌芽。

如果将这样只属于自己的个性萌芽好好培养的话，早晚会成为自己真正的独特个性。在某一层面讲，这可能是好的事情，但从另外的层面讲，也不尽然。就像性格没有好坏之分，这就要看自己怎么发挥了。像这样的事情，自己有意识地抓住某些方面，在保持初心的同时狠下功夫、慢慢摸索，就能找到属于自己的方式和方法。

## 对自己的“真心”心存质疑，若真的想赢就不要死抠较劲

当你放下自己的个性和执念，去听取别人意见的时候，你就会发现“原来是这样啊”“我怎么没想到这一点呢”。没有了钻牛角尖这一层云雾，世界都会变得清晰起来，也就能看清楚自己应该努力的方向。

这样经过不断的努力，就一定会慢慢靠近取得胜利这一目标。

事态朝着成功发展，你就有了精神上的周旋余地。因为你打好了基础，做了自己该做的，你就有了余力多想一些其他事情，比如“理论上来讲是应该这样做，但是，尝试着改变一下不也挺好吗”？这样，你就进入了下一个阶段，那就是你终于有了显现自己个性的时候。

不论是谁，如果没有真正想要成长、想要变强的话，就不会那么轻易舍弃自己钻牛角尖的习惯。

在玩游戏的经验中，我学到了舍弃钻牛角尖这样

坏习惯的重要性。但是，在开始玩麻将的时候，我在钻牛角尖的路上走了很远。

当我还是一个初学者的时候，只要盲目地坚信“这样做就能行得通吧”就会莽撞地制定战术。但是，这样做往往没有好的结果。从结果就能看出来，自己做的事情并不全是正确的。但是，因为我的性格很顽固，所以一直坚持着。

当时的情况就是，自己的一些做法可能会被误会，但是也会坚持做下去，并且坚持这样一段时期是必要的。因为当时的观点就是“这样行得通，那样的方法可行”。这样产生的恶果之一就是没有好的结局。是我的观点有问题，还是单纯的熟练度不够，不继续验证下去是不知道答案的。

但是，现在客观地想一想，当时太执着了。结果，居然花费了一年的时间。

一年之后，仍然没有得到我想要的结果时，我也只能承认是我的想法出了问题。“努力到这种程度都没有结果，如果我再认为自己是对的，那么我就是有病”。

至此，我终于朝着自己的心意按了重置键。

我想，也正是因为我想赢、我想成为职业麻将人，才能做到重置的。如果仅仅把麻将作为一种兴趣，那么就会认为“我打麻将，很不错呀”。不会再想其他，结果就不会有什么突破了。

反而言之，如果被一些微妙的执着束缚的话，也可能并不会真正在意吧。如果你说“不不，我是认真的”，那么，你最好会有怀疑的态度，因为这可能是你在钻牛角尖。认真和打算认真，你可能没有分清楚。

## 经历过大失败的人的话是值得一听的

这句话听起来可能有些矛盾，但是，被你无视的建议中也有好的建议。

当我认为对方完全是在感情用事地说某些话的时候，我会选择左耳朵进右耳朵出。“他这样说完全只是为了心情变好”“这个人这样说纯粹是为了耍帅”“他被人说了所以有些不安”。

如果出现上述情况，他们的话我就不会在意。

反之，有些建议我十分愿意听取。那就是提建议的人是基于自己的经验说的时候。特别是那些经历过失败的人，他们的话绝对要洗耳恭听。

有一个关于打麻将的问题，辩论的一方是胜利组，另一方是失利组。

如果有人三元牌中的两张已经听牌了，那么第三张应不应该打出来呢？

在麻将中，有一种情况的牌叫作大三元。这种牌和牌之后可以得到最高的点数，就像棒球中的满垒一样。这种牌很不容易和牌，但是一旦和了基本上就能确定是非常大的胜利。

麻将当中的“白”“发”“红”这三种牌被称作三元牌。为了和大三元，每一种牌要集齐三张。

麻将中有这样的规则，那就是如果自己有两张相同的牌，而别人打出一张这牌，你就可以把这张牌变成自己的牌，比如，你有两张“白”，别人又打出一张“白”，你就可以说“碰”，那么这张“白”牌就是你的了。

再比如说，A 已经碰了“白”“发”这两张牌，这时 B 打出了一张“红”，如果 A 手中有两张“红”，那么 A 就可以碰牌。

这样，A 就集齐了三种牌中所有的牌，那么他就很接近大三元了。

如果 A 和了大三元，那么最终给 A 提供最后一张三元牌的 B 就要出全部的点数。因为正是 B 给 A 提供了最后一张三元牌，A 才有机会和牌。所以 B 要负全部的责任。也就是说如果有人碰了“红”“白”“发”其中的两种牌，那么最后提供这张三元牌的人就承受了相当大的风险。

那么问题来了，如果出现这种情况，到底要不要打出那最后一张三元牌？

按照很久之前的理论，答案就是千万不要！

很多人这样想，“背负这样的责任简直太傻了”“只要这个牌局能继续，自己就有机会”。

这当然也有游戏环节在里面。那就是一个人决定整个局面的行为是为人所不齿的。

那么，现在麻将的理念答案就是赶紧打出这张牌。

答案就是这样和牌的概率简直太低了。为了这样低概率的事件而影响自己的和牌简直就是傻瓜。实际上，一个人想要碰得第三张牌，并且和牌的话，概率只有不到1%。也就是说，最后打出第三张牌的做法是正确的。

而事实上，多数情况下，理直气壮说不应该打出第三张牌的那一组输了，而赶紧打出第三张牌的那组人赢了。

那么，最终打出大三元牌的那个人怎么说呢？

他的话：

如果能赢的话，我就如愿了。但是最终我打出了第三张牌，被那家伙赢了大三元，结果就是我成了输得最多的人。那时候我的牌的情况就是三面张（以三种牌的状态赢牌即“屁和”，赢牌的可能性很高），所以我打出了三元牌中最后那张牌。

在此之前我一直很容易就和三面张。在那之后我就一直没有打出过那张牌。那次的大三元对我的人生影响很大呀。我不想再有那样的回忆了，即使打麻将仅仅是一种消遣。

问题的答案是：

嗯，打出来也不错吧。不，就应该打出来对吧。我当时没有领悟到这一点。但是，谁都会输谁都会赢的。

如果那次我在打出那张牌之前好好观察对方的神色。我可能就能察觉到什么。能赢那么一手漂亮的牌，对方当时的神色应该会有所不一样吧。如果不是这样，对方在赢牌的时候就不会颤抖了吧。

在平时打麻将的时候，为了赢应该打出最后一张三元牌，但是就像呼吸一样，打出来会怎样呢？如果稍加不注意，就会变得像我一样。

想象这样的话，对我来说是有意义的。

打还是不打，这是一个问题！

但同时这也不是单纯的知识性问题。

但是，失败的人应该是无法回答这些问题的吧。可为什么我却觉得他能说出最正确的话呢？

血的教训才有说服力。比起回答本身，话语的隐含意义更能给我很大的提示，不是吗？

## 你只通过问问题，是学不到东西的

我的麻将师傅 T 先生正是一个这样的人。

说话的时候，他不是靠理论知识而是靠经验。只是，我问他关于麻将的事情，他的回答总是让我哭笑不得。

比如我问："您为什么在那样的情况下没有去拼一下就认输了呢？您的牌还是很有赢面的呀。"

他回答："庄家都听牌了，我会如他所愿把那张牌给他吗？"

在麻将中，如果庄家赢了就能得到 1.5 倍的点数，所以和庄家对着干是有风险的。

但是不可思议的是，如果是 T 先生的话，他就一定会说："不管他是庄家还是谁，该怎么打牌就怎么打牌。"

就像上面所说，他只会说一句："我能如他所愿打出那么糟糕的牌吗？"

为什么不能打，我自己也有思考，但还是不能完全理解 T 先生的意图。

因此，有时候还会用更加不利于自己的手段，和庄家对着干来打牌。

当我问他“您刚才为什么那样做”的时候，他就会回答说：“反正会有人打出自己想要的那一张牌的，自己早晚会赢的。”

这也不是完全没有道理。但我还是不能完全理解。

除了 T 先生之外的人，大家都会告诉我打每一张牌的动机。

通过打出去的牌，就知道万字牌比较危险了，然后通过观察就知道谁手里有更多的万字牌。

意思我明白。但还是感觉没有什么说服力。如果游戏进程顺利，就说：“看吧，我说是这样吧。”如果失败了就会说：“这是有原因的。”两头堵，怎么说都行。

T 先生不回答问题的原因：“你只通过问问题，是学不到东西的。”

那种情况下为什么要进攻，为什么那张牌不能打，像这样的问题，不要以为问到了、知道了就能理解了。这恐怕需要自己的观察、感知和记忆吧。

我说过“观察力”“听力”和“行动力”是三大要素，

这时候就和“观察力”挂钩了吧。

最后，T 先生给了一项建议，我至今都在受用。

“梅原，上了麻将桌，你就只管考虑怎么赢就行了。除此之外什么都不要想，这样你就能有所长进。”

这话对我十分受用，但还不足以作为我的人生信条。

要是问我现在能不能对他人说出这样的建议，我想答案是否定的。

T 先生真是厉害呀！

## 正确的分析既不需要“安心”也不需要“不安”

最后让我们说一点关于“观察力”的事情吧。

我前面说过，最好听取别人的意见，但是毫无判断地听取的话就会有不好的后果。比如说，有一些不负责任和让人不安的谣言，就没有必要听。

在游戏世界里，这样的事情还有很多，比如说“有人发现了很厉害的技能，但他藏起来不告诉大家”“你最好想点什么办法吧”“你最好做出什么对策吧”。像这样的言论都会在游戏界引起大的骚动。但是，大多数情况下都是些无中生有的事情。

即使有什么重大发现，也没有必要制造那么大的骚动吧。每次都要应付这样的事情，就会被人摆布，就会失去前进的正确方向。

在毫无根据的风潮中，经常会形成一些大的团体。不仅让人觉得极度不负责任和不安，还会有人跟你说：“这条道路会更好”“这样走才是安全的”。

不管是哪种情况，都应该远离这些人，自己考虑好之后再行动，这是有一定难度的，因为无论如何你都会焦虑和不安。因为这是人类的本能之一，会像根系一样扎在人的内心深处，这正是比较烦人的地方。

想要朝着正确的方向成长，就要学会正确的分析。安心和不安，对于分析来说都是关系不大的主观感受。因为安心并不代表安全，不安也不能说明危险。安心和不安这两种情绪有可能给正确的分析带来障碍。

胜利是客观存在的，所以明白这个道理的人更容易赢得比赛。而且所谓的道理是和安心与不安完全没有关系的存在。我们的目的就是更加接近理性的道理，那不安和安心就都成了偏见。在看待事物时，大家最好也注意一下这一点。

GAME FOUR

# 厌倦了也要继续坚持

## 28岁

成为职业玩家

## “对我来说，还是游戏更适合”，放弃并不是因为讨厌

以前放弃游戏，做好心理准备去专攻麻将，最终还是放弃了。之后我开始从事介护工作。父亲在医院工作，妈妈是护士，所以我也从事这方面的工作，当时也没有什么违和感。这份工作让我感觉很充实，后来我辞去工作，再次回到游戏世界。

在此之前我曾经思考，我还有没有别的可以做的呢？我一直在寻找游戏之外的可能性。

只要不是游戏，我应该也有可以被接受的地方。但是我也一直在问自己：“为什么一定要是游戏呢？”“跟游戏相关，这样就好吗？”当初选择麻将也是出于相同的心境。

但是，最后我问自己：“对我来说，最特别的是什么？”结果我觉得对麻将并没有这样的情感。

虽说不管和谁比赛都有自信，但让我感觉更加自信的还是格斗类游戏。

对待麻将我也很认真，但有时候也在硬撑。但对

待格斗类游戏，我几乎就没有这样的情况。对待格斗类游戏的想法和上进心无疑是特别的。我想，麻将和介护都是为了让我了解到这一点而绕的远路吧。

我一边感谢为什么让我有如此天分，一边苦笑着想：我果然更适合游戏啊。我放弃并不是因为讨厌，感觉就像重要的东西要归还一样。

虽然绕了好远的路，但正是我拼命去尝试了很多游戏之外的事物，我才更加确信我更适合游戏。从此之后我对游戏就没有再动摇过。

虽然过程比较曲折，但我终于成为职业玩家。过程当然并不都是好的，如果让我再经历一次的话恕难从命。道路虽然曲折，但我感觉从动机的层面更加鉴定了自己的想法，而不是仅仅知道怎么做和要领。

如果没有经历那么多，那么可能就没有什么突破了吧。人的一生，时间不可限定。但是，人生当中的机会是可控制的。所以，我认为正是绕了远路，我才变强大的吧。

## 即使疲惫也能坚持下去的才是强者。——这是真理

2009 年 7 月，我在 EVO 中取胜，以此为契机，成为职业玩家。相关细节在前言中有所交代，这里不再赘述。

成为职业玩家之后，我有了专攻游戏的心境，并且心想“职业玩家必须更加认真”！所以，我每天练习 16 个小时的格斗类游戏。

只有这样练习才能增加理论知识，得到技能上的提高。但是，练习时间如果再长的话，我的健康就会受到严重影响。

脸上起了很多小疙瘩，身体也很不清爽。这一时期虽然在法国和澳大利亚的大赛中取得了胜利，但是当时的身体状况并不好。

最糟糕的就是我的精神状态。我的精神几乎崩溃，对游戏整体的感觉也变得很迟钝。一处于疲惫状态就会只在意一些细枝末节。抓不住真正的核心，再这样勉强持续下去，很有可能连作战方法和理念都会出现

判断失误。身体这个基础要是崩溃了，它会对作战的其他所有要素产生深刻的影响。

这样不行！

发现这一点我用了大概十个月的时间吧。之后，我适当地减少练习时间。现在还经常去健身房，身体也在慢慢调理。

那时候，其实我完全没有感觉到自己非常努力。可能是职业玩家的这个头衔让我有些自负吧。所以当时也没有觉得很辛苦，有一种讨厌但又不得不这样做的悲壮感。

既然有悲壮感，那就这样做下去也挺好吧，但是也有不好的地方。结果就是，复杂的做法变成徒劳，自己受累。

年轻的时候，有时我会想“总喊累不好”“即使感觉到累，能坚持下去的就是强者”。其实这就大错特错了。是人都会疲劳，这是理所当然的事情，当时我却没有明白。人在做事情的时候，以百分百的精力来应对是不好的。这样过度地透支自己，不留任何余地，让自己连适当放松的空间都没有了。

现在的我，能正常地判断出自己的疲劳状态。感觉到累了，我会拿出勇气好好地休息一下。

疲劳的时候会把事情复杂化，头脑不清醒，也就提不出好的建议。视野会变得狭窄，精神会不集中，最终自己的心情会摆弄得乱七八糟，马马虎虎地走向胜利。

我想让大家知道的是，疲劳战术最终不会对你起太好的作用。疲劳的时候就应该好好休息，调整一下。如果你能正确安排，那么也应该懂得正确休息是非常重要的一个环节。如果不能安定有序地进行自己的事情，也就不会有所成长。

## 说实话，即使是格斗类游戏，也会有厌倦的时候

虽然有一段时间离开了格斗类游戏，但是我从 11 岁开始就一直打格斗类游戏。现在 34 岁，也就是说我已经打了将近 20 年的格斗类游戏。

我当然喜欢格斗类游戏。但这并不是我能一直坚持下去的原因。就像吃饭一样，即使是再好吃的食物，如果天天吃也会厌倦。一两年还好，要是 10 年以上，长时间的坚持，恐怕需要下一定的功夫吧。

说到格斗类游戏，经常会有人说“很好玩吧”。

我当然不否认它很有乐趣。

不管什么，作为被动的一方，有趣只是在开始的时候吧。游戏也是一样，同一款游戏玩四五年也会腻吧。

事实上，在我看来，有的玩家也会感到厌倦，感觉不到乐趣。这时候，也就没有心力再下功夫了吧。这样的玩家在参加大赛的时候，就给人一种无所谓的感觉，有一种倦怠的氛围。

他们之所以这样，可能也是没有办法。当初我成

为职业玩家的时候，慢慢从心底也感受不到格斗类游戏的乐趣了。

“成为专业人士”从另一个角度就意味着“不得不做”“不得不去街机厅”，按一种先入为主的观念就是——这成了一种义务。

义务感是一种很奇怪的东西。

有时候，有人会提出这样的疑问：“又不是工作，能做到那么认真吗？”那这样不就适得其反了吗？当带有工作的义务感的时候，多数情况下很难再有提高的心思。带有工作的义务感去做某件事的时候，自身就成了被动的一方。这样下去，很容易就形成这样的心态：“保证最低标准就可以了吧。”

所以，我们要做到有义务感但又不是被动地接受。所谓被动接受或者被动的一方就是指依存于外部刺激而采取的做事方法。如果能接受到刺激还好，但是一旦刺激消失自己也就没有了干劲儿。

就拿格斗类游戏来说，大赛就相当于外部刺激。只要不涉及企划，大赛的主要工作是由别人来做的。腾出比赛举行的时间，玩家也就没有了什么兴趣。

没有新的游戏作品出来也是一样。现在 movement

街机厅的中心游戏就是《街霸 4》，虽然总是不断地升级，但并不能称得上是新作。这样，不是新的作品就不能产生刺激，玩家玩腻也是可以想象和预见的事情。

其实，把外界刺激当成一种动力也没有关系。但要是以它为中心，你的节奏就会被打乱。

维持动力并不是那么简单的事情。所以产生倦怠感和惰性的玩家的心情，也不是不能理解的。

持续三四年一直玩同一类型游戏当然会厌倦的吧。

作为业余爱好的话还好，但是作为一个职业游戏玩家不是一句“我没有动力”“我不能长久地保持动力”就能结束的。不管怎样，反映到结果上就是时间问题。如果不能产生好的结果，那么没有动力这件事还会招致更加糟糕的后续麻烦。虽然因为焦虑会产生一些干劲儿，但是，很容易只顾眼前，这样最终也不能产生好的结果吧。

作为一个职业玩家，怎样做才能持续保持长足的动力呢？这也成了我研究的新课题。而我同时也受到义务感带来的对游戏兴趣渐失的困扰。

## 每天记录一项成长笔记

对我来说，动力就是成长所带来的喜悦感和乐趣。重要的是，这种成长带来的实际感觉也需要自己去感知。如果能做到这一点，那么就能摆脱对外部刺激的依赖，节奏也就可以稳定下来。

成长的实际感觉→动力（和练习）→成果→成长的实际感觉→动力（和练习）→成果

这个循环的过程可以叫作“成长循环圈”，我把这个安定持续到循环放在第一位进行实践。

这是有意识的、积极主动的事情，所以结果更值得期待。关于这一点我想稍加说明。

其实，不仅限于比赛的胜利，你也可以得到成长的实际感觉。

所谓的成果并不单纯指可以看到的评价。大赛的胜利、好的比赛排名、营业额上升等这些都是表面的成长。把这些成长当作一种动力，然后再进行下去就可以了。但是这些外部的评价，如果针对的是肉眼看不见的成果的话，就不好评价了。

我想你应该已经明白了吧。成长的实际感觉，通过被动的理解是不够的。很难从外部得到好的评价，得不到好评价的成长，在意识层面到底能带给你多大的动力变化是很难确定的。

我现在所使用的方法就是把每天新的发现记录下来，确认自己的成长。有些人认为自己最近都没有成长，我把这个方法推荐给了他们。说到底，这并不是什么困难的事情，只是简单地问问自己，回顾今天有什么需要注意的事情吗？再把自己想到的记下来，不仅限于重大发现，细小的事情也可以记录。甚至说，细小的事情更加重要，令我心情愉悦。不管是什么事情，在处于低水平阶段时，总会有很多发现，成果显而易见，所以这样就能保持动力。当然，这样的阶段只是一个时期。

不放过细小的发现，做到有意识地完成这件事。这就是所谓的提高对于成长的感受性，其中蕴含着诀窍的。

最重要的就是降低难度。以我做笔记为例，每天只记录一条成果，是我和自己的约定。一天一条很容易坚持下去，但是慢慢发现所需要记录的东西变得多了，不知不觉就提高了难度，所以并不是自己想象的那么简单的一件事儿。如果在一个比较轻松的成长时期，仔细观察你就会有两到三个小发现。但是，如果每天规定两到三个发现而实际只有一个发现的时候，你就会尝到小小的挫折感。

当我建议降低难度时，有人也许会这样说："达到这样低的难度，结果自己比较满意却得不到他人的肯定，最终还是会没有自信啊。"

有这样想法的人，肯定是受了环境影响，这难道不是像习惯一样的东西吗？不管周围的环境怎样，哪怕比昨天的进步一点，我们也没有理由不去肯定自己啊。

很小的成果，肯定不会有人来肯定我们。所以，我们必须要对自己做的事情加以肯定。

这并不代表我们可以不听取别人的评价。重要的是评价在于我们自己。反之，它所带来的过失就数不胜数。更重要的是这样会疲惫不堪，价值观会左右摇摆，很容易把自己的活法交给别人来决定。

## 如果一个人的目的是胜利，在取胜的瞬间他就急剧变弱了

因为标准在于外界，所以有时候在不知不觉中，目的变成了手段。下面的话，虽然有些脱离主线，但是关于这一点我还是坚持要说。有人在网上留言说，想看一看我打游戏的时候是什么样子的，我很开心，因为这是最让我感到欣慰的事情。但是在顶级玩家当中，也有人对游戏失去了上进心。

回想起来，我也有好几次受到了这样的影响。也接受了各式各样媒体的采访，还出了书有了读者。如果在大型比赛中取胜，就有大批的人祝福我。

每当这时候，忘记自己的本分也不是什么难以想象的事情，幸好我在成为职业玩家之前走了不少弯路，所以能保持冷静。但是，我的经历被改编成了漫画，我多少还是受到了一些影响。我很喜欢漫画，小时候漫画就是我生活中不可或缺的一部分；高中时代，我去街机厅即使不带书包，手里也不忘拿几本漫画杂志。

当时我带着杂志打游戏的场景成了独特的风景。我个人的事迹和想法被改编进了我喜欢的漫画当中。与此相比，我在新宿的街机厅和熟悉的玩家一起练习这件事是多么不值一提啊。要说为什么不想去街机厅练习的理由，我想可能就是这个吧。虽然我意识到了这样下去一定会完蛋，但事实上我已经变得失去干劲儿，开始敷衍了事。空当期就这样不知不觉中到来了，我开始慌了。

这个时候最应该做的就是行动，因为行动能带来情绪的变化。

即使没有打游戏的心情，我也会去街机厅坐下来把游戏币投进去，感知游戏机和按钮。随着不停地对战，我渐渐找回了以前的感觉。

有人跟我说游戏以外的事情我很感激。但是，我的目的是继续玩游戏并且变得更强大。正因为我和游戏有了正面接触，才造就了现在的我。如果迷失了自己，就像潮水退去一样，我得不到任何回应。

通过漫画这件事情，我达到了没有迷失自己的目的，并且调整了身心。这里面有运气的成分，但不仅仅是运气。我见到很多游戏玩家本来应该因为喜欢游戏而一直打游戏，但又因为一些小的原因而没有持续下去。

我二十二三岁的时候认识了一个叫A的玩家，他从格斗类游戏初期开始就一直长时间地玩一种很老的游戏，玩的时间比别人多一倍，但是他的职业生涯并没有那么顺利。

说得严肃一点，他并不是一个有才能和聪明的人，因为他持续玩了10年游戏还打得并不好，我从心里想象，这样的人一辈子都不会顺利吧。

但是我错了，有一段时间我没有玩这款游戏，在偶然的机会我和A展开对决，我简直不敢相信自己的眼睛，他变得很强大，和之前的他判若两人。从全国范围来看，甚至可以说他是这款游戏的佼佼者。

他并没有改变自己的作战方法。操作猛一看也完全没有什么道理，但是，他就是很顺利。我想，可能是因为我有一段时间没玩这款游戏了，但是其他玩家和他对战也完全被他碾压。

他变强的理由在于大量的经验，他并没有过多地用脑而是运用了过往的经验。如果喜欢一件事并且一直坚持的话，与之相应的强大实力就会开花结果，我从他身上学到了这一点。

并且，他在大型比赛中也取得了胜利。这也不难想象，但是这场比赛的胜利让他失去了动力。他能坚持10年以上打游戏，是因为单纯地喜欢每天都会和别人对战的过程。后来，他还是会来街机厅，但是不和别人对战。

因为在大赛上取胜过就认为自己是特别的玩家，并且变得害怕输掉比赛，像他这样的例子其实有很多。

我十七八岁的时候认识了一个叫B的玩家，他和A完全不同。他每天来街机厅，自己很投入，一直玩一款游戏。他并不是多么有天赋的玩家，胜率也不高。但就是因为喜欢，他的理论知识和技能也还可以。

喜欢游戏但是胜率不高的玩家会有这样的倾向，那就是在不明自己的实力和取胜方法的情况下放弃玩游戏。有可能是认为自己不适合玩游戏吧。

但是，B却不同。有时候他的实力很强，甚至有时候处于一个团体中最重要的位置。该进攻的时候会毫不犹豫地进攻，非常强势。我从没见过这样的选手可以变得这么强大。我记得当时自己很吃惊："原来还有这号人物啊！"

但是，有一段时间 B 突然不来街机厅了。

我想："他好不容易变强大了，太可惜了。"

但是，后来听到事情的原委，我释然了。原来当时他喜欢上自己队里的一个女孩子，但是知道那个女孩有男朋友之后就不来了。他一下子实力变得很强也是因为那个女孩子。

不仅仅是他，在格斗类游戏界这样的情况很常见。之前一直默默无闻的玩家突然变得很强大。他们在不知不觉间为了搭救某个女孩子而进行游戏，就像为了异性解除了封印一样。除了游戏之外，在其他领域应该也有很多这样的事情吧。

因这样的理由取胜有一些勉强的成分在里面。A 和 B 可能会说这样有什么关系呢？我想，如果格斗类游戏对于他们来说只是一种手段的话，这样并没有什么问题。

但是，如果他们是因为喜欢才坚持打格斗类游戏的话，这样就真的太可惜了吧。毫无后顾之忧地打游戏并不是这样的。这一点我小时候不明白，成人之后才渐渐明白过来。

这么长时间我没有把手段当作目的，正是因为见多了别人失败的例子，幸运地明白了其中的道理。我有时候觉得去街机厅就像去开会一样麻烦，但是这也给了我机会让我重新思考我的本分是什么。在这个意义上来说，这样的经历对我是件好事情。

## 即使成长了，也不能盲目地提高难度

让我们再次回到成长循环圈的话题吧。

想要把成果变成动力，必须要对成果做出一个判断。

这就需要我们把评判的标准和评价本身放在内部。其实，就在我们平时不经意间，日常生活中就有很多小成果。对这些小的成果产生敏感的反应，降低难度还是比较有效的。

本来，我们的目的也不是超越多大的困难。我们的目的是让成长的循环圈变得稳定，并且持续下来，而降低难度就是其手段。

比如说，我们参加举重训练只是为了增加肌肉，那么没有必要举很重的重量。有没有达到锻炼肌肉的效果是我们的目的，所以为了实现这个目标，我们举一些轻的重量也没有关系。越是训练有素的人，越知道重量和肌肉之间的关系，所以他们能达到一般人达不到的训练效果。这样，对外部的刺激有良好的认知和敏感度，对成长是很有帮助的。

我想让大家知道的是，成果固然重要，但是正确对待成果的意识同样重要。把成果变成动力并让其循环下去，这就是一种能力，并且缺一不可。

成长循环圈持续下去之后，不知不觉难度就会上升。我以前认为："已经习惯了，稍微提升一下难度也未尝不可吧。"

但是，最近我的想法有些变了。反而觉得"即使习惯了也不能轻易增加难度"更加重要。

你可能会觉得，总是在低难度地要求自己，什么时候都不会取得大成功，但是，人人可见的大成功正是由一点一滴的小成功积累而成的。一下子就把目标制定得很大，很可能连眼前的事情都做不好。

按照一定的比例提高自己的水平，每天的练习也能保证质量，如果只追求数量的话，乱做一气，只能是有害无益。适当地降低难度，有利于提高练习时的质量。通过练习不是让你有满足感，而是让你将关注点放在你的成长和成果上来。从这个意义上说，我可以称之为一个成果主义者。

"慢慢来"对你一时的萎靡不振也有好处。有人碰壁之后，就想冒冒失失地解决问题。这是靠精神和心性的做法。

最重要的是，很快你就觉得很累。疲劳产生的危险不用赘述。并且，错误的方法达到的成功也会带有很大的风险。

现在我的想法和做法有点像个怪人，因为我会有这样的想法："好，这件事可以降低一下难度。"从某种意义上讲，难度是一种理想主义的东西。出门的时候没忘记锁门什么的，这种难度要求也能增加你的成就感。这种低难度带给我的乐趣，他人已经无法理解了。这种唯有自己能理解的成果，根据自己的做事方法，也可以成为你每天的精神支柱。

## 把唯有自己能明白的小成果当成一种自信

坚持一件事情到底有多大的价值呢?

成为职业玩家之后，我对它的重要性体会得更加深刻了。

在我成为职业玩家之后，格斗游戏带给我的乐趣渐渐消失了。应该说，我陷入了一种萎靡不振的状态。仔细观察一下自己的状态，有一种义务感带来的不安和期待。这种情绪没有好坏。但对于我来说，是怎么样都不可控制的东西。

必须要赢，必须打出好的比赛，我想知道更多关于格斗游戏的魅力。但这些全部都是我无能为力的事情。输赢有时运，好的比赛也要有好的对手。这些全都不是我能掌控的。我的不安和期待，也基本上全都来自这些方面。

关于情绪我之前也提到过，对于自己完全无法控制的事情就适当割舍，换句话说就是只能放弃。通过适当地割舍，排除一些事情之后，你就会惊讶地发现，原来自己要做的事情非常简单。做自己应该做的事情，从我的角度来看，就构成了成长循环圈。

重新提炼成长循环圈的关键点后，我发现可以简单地面对游戏了。不管是作为一个职业玩家还是一个爱好者，应该做的事情都是一样的。

我终于一点点找回自己的节奏。

如果你有想投入的事情和想继续下去的事情，那么就应该想一下要让成长循环圈稳定地持续下去。即使每天进步一点点，那么稳定的持续的发展也能给你带来自信。

通过持续做一件事，给自己带来自信。就像我之前说过的那样，通过肯定那些唯有自己才能知道的小成果，最终会给自己增加自信。

一旦稳定的成长得以继续，那么好的循环在各种情况下都会发生。只要超越了某一条线，就像好的势头还会带来好的势头一样，一切会变得顺风顺水。

这样的好循环，源于小的动力和小的成果。只要你不忘记这一点，就能更加轻松、省力地推进事物的发展吧。

## 作为一个职业玩家为业界作出贡献

成为职业玩家的第一年，我还是以“不管怎样，先做吧”的心情做事。也就是心存这样的意识：因为我是职业玩家，所以首先要做到的就是让自己变得越来越强，并且有必要展现出这样的实力。

但是从第二年，我的想法就开始改变了。我感觉在自己为什么成为职业玩家这一点上似乎考虑得不够。

本来，职业玩家就是应该为业界作出贡献的。如果只是为了展示自己的实力的话，那未免太注重自己的自我满足感了。如果因我的胜利减少了玩家的数量，那么我就不是一个专业人士，对支持我的企业也会有不好的影响。

首先我改变了自己使用的人物角色。

在成为职业玩家最初的一年，我在《街霸 4》中使用了一个叫作“阴（Yun）”的角色。当时它是顶级强势的角色，所以胜率很高。而周围的人慢慢变得很扫兴，当我注意到的时候，他们对我说：“你又使用‘阴’，当然很强了，谁还愿意跟你打？”

当时我就想：“我到底是为了什么才一直打游戏的呢？”

于是，我又换回了之前的一个叫“隆（Ryu）”的角色。

玩游戏的风格十分重要。

所谓的专业游戏玩家，前提就是要有观众。要求你要让人觉得游戏有意思，这个游戏玩家也有意思。这就和个性一样，不是想拥有就拥有的。

在职业玩家当中，有的人不论怎么赢得比赛都不会受到大家的欢迎。他不受人欢迎的理由，我想你看过他打游戏的场面就会明白。这类玩家总结起来就是有些地方做得不足。

即使是你的错觉，如果一个玩家在游戏中表现出“我自己也可以”“这种打法太简单了”的感觉，那么别人是不会觉得他有魅力的吧。处处表现得自己很了不起的样子，别人是不会感动的。

我一直有这样一个意识，那就是要玩只有自己能玩的游戏。“要玩”这样的说法有些不确切。正确的说法应该是，我要致力“打出”只有自己能表现出的游戏。

只有自己能玩，这样的表现是十分困难的。有的游戏幅面太大，只能我来玩这样表达应该能说得通吧。

对战的时候，我制定了详细的作战战略，但是比赛是有对手的，故事不可能从头到尾按照你的计划来，所以需要时不时地针对状况做出调整，这时展现出来的技能也在变化。很多情况下，我都不是在自己的设想中赢得比赛的。

从只有自己的游戏角度出发，根据战况随机应变，有时候会出现一些令人惊讶的情况，但最后还是赢得了比赛。这就是以我独有的、让大家觉得有意思的理由。

之前说过，我在 2003 年 EVO 比赛当中被喝倒彩，但是，我现在无论去到美国、加拿大、瑞典、澳大利亚还是中国台湾，世界各国都接受了我。最初比赛可能会有一些疏离感，但是只要我表现得好，会场的气氛就会变得不一样。随着比赛的进行，支持我的人也越来越多。我觉得这很有意思。最终，我感受到了无国界的乐趣。

面对谁都不能模仿你的东西，人本能地感受到自己的价值感不是吗？以此为快乐的就是一个职业玩家，作为一个职业玩家，这时候他的义务感会升华为一种使命感。

## 兴趣燃尽的是爱好者，以同样的姿态坚持下去的是职业人

职业玩家不会追求一两次的胜利，他要的是持续不断的胜利。在有着胜负的世界里，“变强”就是一切。过去的强大说明不了问题。即使你说“以前我在大赛中获得过胜利”，如果现在不行的话，别人也只会说一句“哦，这样啊”来结束对话。

所以，不管在多大的比赛中获胜，江郎才尽了就得淘汰。赢也好输也罢，暂时搁置胜负，最重要的就是马上再次出发。

话虽如此，不仅是职业玩家，很多玩家都经历过大赛之后没有后劲的情况。

如果是运动类的漫画的话，出现这样的情况也没关系，“为了明天的比赛赌上一切”，过后想想这样的情节可能还觉得自己很帅，但是在游戏世界里，如果玩家这样做了，就是没有常识的行为。

大赛结束后，还会有其他的比赛。在此之后，还

会有人继续奔跑和你竞争，所以你的后劲不足，慢慢就会被落下。

作为职业玩家，最重要的不仅是取胜，还要持续保持正常水平和临场发挥，在符合自己能力的舞台上持续战斗下去。游戏爱好者的做法就是到达终点之后就结束，之后的事情和他没有关系。至少如果是经常参加比赛的职业玩家的话，这样的做法是错误的。

我没有将任何大型比赛作为我的目标。比赛没有终点，一旦有了目标，“比赛胜利之后”一切就结束了。一般情况下，设立一个目标为之奋斗是正确的做法。但是，从持续的观点来看，这不一定是完全正确的。反而，还有可能产生消极的影响。

重要的是平时的努力。

成长循环圈里，存在自然规律。如果只是为了迎合大赛，那么这样的规律就会被强行改变。首先为了达到目的就像借钱一样，早晚有一天要连本带利还回去。

我看大多数玩家都把在大赛上的胜利作为优先考虑的事情。而平时的训练并没有什么乐趣可言，只是一味地在忍受。有时候，身上就会弥漫着一种为了比赛而扼杀自己感情的气氛。

曾经有一个这样的标语:“无欲无求直到胜利。”

为了明天牺牲一切，搭上性命地为了战争吧。我们一直打的游戏里，有这样深刻的缘由吗？并不是到了掉脑袋的最后关头，特意放弃平时的乐趣，总感觉有违和感。

人不是机器。被扼杀的感情很有可能在最关键的时候以最不好的形式表现出来。结果，慢慢变得也赢不了比赛。本来常胜将军在通常情况下只有一人。能不能成为这个人努力到一定程度也要看运气。另外，即使赢得了比赛，也不敢确定什么时候会被别人取代。

胜负的世界里“强大的实力”才是一切。过去即使再强大也没有意义。

## 只是赢了比赛是不足以改变人生的。难为情的自己，狡猾的自己，都不能重新来过

我首先要说的话题，是在《街霸ZERO3》上发生的事情。

在那场大赛当中我赢了大贯取得了胜利。那是我非常想赢的一场比赛，所以我想我可能会非常高兴，但结果却相反。

我赢了这件事想起来都觉得意外，但是当时有一点小小的期待，就是“通过电视媒体的报道，我的知名度可能会不一样吧”。我当时想，如果世人对于游戏的观点有所改变的话，那我的人生不就改变了吗？

但是什么都没有改变。反而赢了比赛之后，我被世人抛弃的感觉更加强烈了。现在的我比较平和了，那时候我对游戏正着迷，非常投入，对游戏相当自负。在赢了比赛之后，我的心情非常抑郁，因为我比任何人都投入。

然而，只有我自己非常投入，他人对游戏还处于

观望状态。现在想起来，那种没有被完全承认也是一种好事，但是在当时我并不这样想。

现在，我已经不把赢得比赛这样的事放在第一位考虑了。能这样想，对于我来说是非常重要的。我强烈地感觉到，只是赢得了比赛，对其他我还是无能为力，这种感触应该是从这时候开始的。

对于赢得比赛抱有过高的期望，只是一味追求这件事，而本来应该得到的却没有得到。

只是赢了比赛是不足以改变人生的。赢得了比赛，但如果懒惰、怯懦、贪婪的属性一直存在……那么你的人生不可能是丰富多彩的。成功这个结果，是不足以让自己变得自信的。

这是我人生的起点之一。基准最好由自己制定。我不断重复的事情，使得我在面对这样棘手的事件的时候，也有好的帮助。

## 比起输掉比赛，没有发现这件事更可怕

在大型比赛中赢得了胜利，也没有什么可高兴的；输了也没有什么可后悔的。因此，大家都说“梅原这个人很冷漠”。之所以会这样，是因为我没有把大赛当作我的第一目标，对此几乎没有动真感情。

最近不仅仅是大赛，在我心里连输赢这样的事情都已经渐渐没有了差别。输了比赛之后，周围的人会特别照顾我的感受，因此比起失落，我更愿意表现出有活力的样子，我现在甚至都会思考这些了。总之，我完全没有在乎输掉比赛这件事。

本来格斗游戏就不可能百战百胜，总会有输掉比赛的时候。输掉比赛也不会丢掉性命，还有很多机会再次挑战，即使害怕输掉比赛也没有办法。

第一，输掉比赛这件事并不是挫折，与此相比，我认为今天没有任何发现这件事更加恐怖。

十几二十岁的时候，我曾经把卫冕大赛作为目标强行练习，有时候大赛一结束自己就完全没有了后劲。

现在的我不论输赢，大赛结束后完全没有了这样的感觉。即使当天还有些疲倦，在回去的途中就会想着“好想和别人对战啊”。

这次有了这样的发现，我真想回到日本就赶紧试一下。对于成长的期待，成了我的原动力。

GAME FIVE

# 「唯有第一才是胜利」

## 32岁

Madcatz Unveiled Japan

## 绝对不会输的比赛的作战方法

我们不能制定这样的目标，那就是后劲儿用完一切结束。应保持住平时的努力。为了持续取得胜利，我说过这样的做法，这虽然是我的个人感觉，但是我认为平时投入 50% 最多 80% 的精力的做法最好。这样既不至于太累，也能保证训练安定持续地进行下去。考虑到中长期的计划，是最轻松不累人的做法。

这是我的经验之谈。

但是，也有回避不了的“只有第一名才算胜者”的胜负局[1]，遭遇了必须抱着取胜的强烈信心才能应对的局面该怎么办呢？这话好像就是说的这种情况。

2013 年 9 月，举行了一个叫“Madcatz Unveiled Japan”的格斗游戏的比赛，在第一轮比赛当中，我和一个叫 Infiltration 的韩国选手对战，日期我清楚地记得是 9 月

① 日本格斗游戏比赛规则中，常常只设置一个胜者，而没有亚军或者季军。

20 日，因为这场比赛给我的印象非常深刻。

就像我之前说过的那样，我没有针对特定的大赛或选手做过相应的练习。我在大赛当中的做法和大多数情况下没什么两样。

如果是一般的淘汰赛，是具有很大的运气成分的。所以，对策和平时也没什么两样，也就是检查一下人物角色什么的吧。玩家对策就是指整理一下赢得过比赛的玩家，好像也只有这些准备。如果是我的话，还会看一些画面努力地加深印象。之后就是在现场随机应变了。如果是邀请制的联盟作战，就稍微有些复杂了。它和淘汰赛不同，对战成员都是确定的，也是制定好对策的。

比如说针对对方的特别对策非常强大，但是无论如何还是欠缺普遍适用性。最厉害的也就是所谓的读心术。即使是最没有胜算的对手，也会尽量避开被人解读。一旦这样做，大赛就会回到原点。

这并不是让你一味地投入大赛当中去，本来联盟赛就应该讲究人物之间的配合，必须要有一两个非常强劲的联盟伙伴。这不仅限于我自己。联盟战最终由胜负场数决定排名顺序。因此，过多地投入最后很有可能成绩不很理想。反而言之，只要伙伴积攒够胜利场数就足够了。有时候还会出现这样的情况，打乱自己成长的节奏，只为了能够配合对方，这样的对策最终对自己的好处大一些。

但是，在“Mad Catz Unveiled Japan”比赛当中，我针对 Infiltration 这个选手做了彻底的准备。如果现在让我再做一次，恐怕我做不到。可见我当时的状态是多么地投入。

## 我承认的少数的竞争对手之一 Infiltration

Infiltration，人称 Infil，他是来自韩国的职业格斗玩家，是我承认的少数的竞争对手之一。在《至尊街霸 4》当中，他使用了“豪鬼”这个非常难对付的角色。

他的优点就是对待游戏非常认真。

这话听起来他这样的性格只在乎赢得比赛，但是他却不是这样的人。他是一个经过苦思冥想，有着取胜的觉悟，决不妥协，对自己严格要求，刻苦训练的游戏玩家。

在过去的格斗游戏当中，日本和北美的游戏玩家表现的实力相对强大一些。随着网络的普及和世界级规模大赛的增加，东亚、欧洲、澳洲、南美等团体兴盛起来，除了日本本土选手之外，高水平玩家也渐渐多了起来。韩国的 Infil 就是这个时代的代表人物之一。

但是，虽说世界各国的游戏氛围高涨，但日本的环境还是有着决定性的优势。最重要的是一批实力雄厚的玩家。日本国内游戏玩家之间的交流，包括对于比赛信息的交流都是非常多的。

在日本，关于信息的交流有一些非常有意思的要素。

因为日本法律的原因，有奖金的大赛一般不存在。相反，国外的大赛大部分都是有奖金的。因此，有时候曾经是合作伙伴的游戏玩家，为了争夺赏金也会变成竞争对手。

包括地方性的比赛，召开有奖金的大赛最多的应该是北美吧。北美游戏玩家实力之雄厚，是仅次于日本的。但是，他们之间为了变强大的信息交流几乎没有。也就是说，以大赛的赏金为主要经济来源的游戏玩家们，大赛胜利能满足他们的生计问题，所以不得不贪欲地去赢得比赛。

还有就是汇率的问题。日元和美元不同，所以不同国家奖金的价值也不尽相同。有时候，取得了比赛的胜利，可以用奖金吃喝玩乐一年，但是从另一个意义上来讲就是比较困难的了。

在日本，基本上感受不到因争夺奖金而带来的好处。在成了职业玩家之后，经常有人这样对我说，“大吾，你搬到美国去住挣奖金就可以了呀，为什么不呢？”我没有选择居住美国的理由是日本的环境，能让我变得更强的最佳环境就在日本。

和日本优越的环境相比，韩国的顶级游戏玩家数量非常少，再加上对奖金的争夺非常严峻，他们之间的信息交换便处于劣势。在这样的环境下，Infil 能保持这样的实力，可见他的意志是多么地坚定，而且他有自己的想法。

同样作为顶级游戏玩家，我和他有过几次交手。在此之前的比较大的比赛中，我连续三次都输给了他。2012 年的 EVO 大赛上我输过他。同年年底在美国举行的“《街霸 》25 周年纪念大赛”中我也被他打败。因此，2013 年的 EVO 大赛，从某种程度上说，我是冲着他去参加的，这时候的 Infil 正处于上升期，如果他最终拿下大奖也是实至名归。

当时玩家中间都流传一句话：“到底谁能阻止他呢？”

仿佛他的使命就是取胜。而且，这次我又输给了他。Infil 在半决赛当中输给对手，最终拿到第三名，但是大家对他的评价完全没有下降。输了比赛而变得更加强大的他，给大家留下了很好的印象。

我针对他做了特别的准备，最终也没有取胜。

Infil 在采取行动时毫不犹豫，据说他有一套自己的方针，即把握好时机，良好的行动力，决不放弃的韧性，在最后一轮他用强大的进攻成为有利的一方，处于优势情况下冷静地对让使我完败。

最后，我一边和他握手一边想这家伙太厉害了，不愧是一个好玩家。

## 怎样打赢有士气的顶级玩家

知识和技术、作战技能、精神状态、努力。

不用我说，Infil 就是具有这些良好品质的玩家，但是我还要加一条，说到他时不可忽略的一大要素就是——气势。

气势也可以说成是他的最好状态。有的玩家时不时会这样想：“这是一个好的玩家才会有的品质啊”“虽然并不显眼，但是他成长得好快呀”。用俗气的语言来形容他，就是一颗冉冉升起的新星。就是那种被妖魔化才能开花的感觉吧。即使这样，也有玩家展现出特别大的爆发力，挑战上层权威。

这并不是常见的事。在初现锋芒的时候，没有被大家关注，这样也能超常发挥赢得比赛。但是，在众多实力强大的玩家面前，他们不可能袖手旁观、轻易让你赢得比赛。正常情况下，你的胜率是和自己的实力相符的。

但是，他们仍然没有被打压，并且进一步增强了实力，在实力众多的玩家中崭露头角。周围的环境、赢得比赛时得到的自信、对战的姿态、天分、选择的角色，这些都为他们赢得了好的时机。

这种状态非常强大。在格斗当中，人物及角色之间具有配合，有时候虽然表面看起来胜算没有那么大，但是也会出现超出想象的胜率。更何况，如果这些玩家像 Infil 一样可以很熟练地使用人物的话，那应该更加得心应手了。

顶级游戏玩家之间几乎没有什么差别，就好像一层纸那么厚吧。然后就利用这么小的差距决出胜负。所有，大家有时会输有时会赢。

然而即使是在顶级玩家当中，因为气势不同，有些实力很强大的玩家，在玩游戏中也会出现不可阻挡的气势。通常情况下不会出现这样大的差别。

长时间奋斗使对战一线的玩家可能会出现这种情况。他们凭借着气势，不会轻易被击垮，只要有机会就会一举决定胜负。自信就可以从画面当中流露出来。这是一种兴奋的状态。

从经验上讲，这种状态持续的话短则半年长则两年。这种由气势产生的高峰期不会永远持续，总有一天会沉寂下来。这种气势是由很多条件重合在一起产生的，就像台风这种自然现象一样。

在我输掉了 2013 年 EVO 比赛之后的两个月，在“Mad Catz Unveiled Japan”比赛中我和 Infil 又相遇了。

因为是 1 对 1 的比赛，所以对战的日期和规则是先决定好的。这次我们对战的人物组合是“隆”和“豪鬼”，这是一个从初学者到高级者都能应付得了的寓意深刻的组合。游戏规则也不具有什么偶然性。首先取得 10 场比赛胜利的选手最终获胜。作为一个对战比赛，这样的比赛规则是非常公平的。

对我来说，能和输给三次的人再次比赛是一个机会，而且对方又很有气势，是我认可的 Infil，更为重要的是这场比赛是专门为我们两个人打造的，而不是我们主观决定的。风头正盛的 Infil 堂堂正正地接受了这样的挑战，而当时的我也是一个小有名气的挑战者，并且有些激动地想，我一定要竭尽全力赢得这场比赛。

这似乎是一场让我心情大好的比赛。

基于我之前所说的种种，这场比赛我必须要竭尽全力去赢，虽然我之前一直把成长放在最优先的位置。

虽然注重日常的努力，但当时我的想法很清晰——

那就是一定要赢。

虽然之前也有过失败，但是在日常的努力中，我都是竭尽全力做到最好。这样付出了艰辛和努力，但还是不能赢的话会怎么样呢？到时候我肯定会想，肯定还有更好的方法。也会想如果真会这样，我应该怎样改变自己，这不是一个让我成长的好时机吗？这样事情就变得有意思多了。

这样的机会并不多，因此必须要全力以赴。为了赢 Infil，多少牺牲一些成长的节奏也要把能做的全部尝试一下。

## 从游戏中心到视频，能让你变强的“常识”变了

我很擅长观察对方的行动，这一过程被我称为“读心”，一般情况下我会依赖这样的手段。

读心不存在普遍性，即使不磨炼自己的技能也能赢。简单来说，就是没有培养自己作战的能力。

通过读心可以知道对方的短处和弱点。从而能打败对手，但事后你最好能够想到对方也是会成长的。不能一直利用他之前的短处和弱点。仅凭这点取胜的话，从长远来看你是没有成长。

另外，格斗游戏大赛采取淘汰赛的方式，谁和谁对战事先是不知道的，所以要做好对付各类玩家的准备。如果针对每个对手进行钻研的话，你就会成长，会增加实力。

但是，这个时候比起增加实力，最重要的是打败眼前的 Infil 这场比赛。因此，我首先做的就是研究过去和 Infil 对战的画面，彻底研究他的行为。

我虽然只有 34 岁，但从 11 岁开始我一直在玩各

种格斗游戏，在这一行也算是老前辈了。我们那一代人，大家聚集在一个场所打游戏，这是很能锻炼人的，因为可以见到很多游戏高手，也能收集到最新的信息情报，而去的人最多的地方就是街机厅。

但是随着网络的发展，打游戏的环境变了，新一代玩家们通过研究网上对战画面就能使自己强大起来。

在此之前，我们那一代人几乎没人这样做过，实际操作起来，我发现还挺有意思的。

观察这些画面，并以此为基准模仿它，在观察的过程中，就能慢慢明白 Infil 的行为和思考习惯。

经过几次对战，能慢慢理解对方的攻击模式和防御模式。我很擅长掌握这样的模式，如果有一百次对战规则的话，不管是 Infil 还是谁我都有自信掌握对手的行为和思考模式。

但是，现实中并没有对战一百次这样的规则，既然如此，那就应该事先掌握对方的战术模式。所以，我去研究他的那些对战画面并针对所有的情况进行模拟练习。我做好了可以应对一切的准备。

不管是什么，尝试一下总会有新的发现。这时候，即使不是实战，我也可以在比赛前想象到这些画面，这给了我重要的参考。但是真正开始对战的时候，还是有很多变故。我还想到过这样的事情，就是这个组合的思考方式改变了会怎么样呢？这样的对战好像也挺有意思。

## 面对比赛一定要做好可以赢的准备

在“Mad Catz Unveiled Japan”的比赛中，我也尝试了新的可能性。

我使用的角色是“隆”，Infil使用的角色是“豪鬼”，它们使用同门的拳法，技能也非常相似。在格斗游戏当中，人物之间有一定的配合性。和“豪鬼”对战，“隆”显然处于不利的地位。这在游戏玩家当中属于常识，大家都知道“豪鬼”处于有利的地位。

我参照对比了很多能判断孰优孰劣的材料，发现果然是“隆”处于不利的地位。简单来说，就是人物的性能不一样。

但是，在打斗过程中，还不能简单地断言“隆”处于不利地位。

从我收集到的信息来看，“隆”这个角色确实是不利的。但是，加上一些新的发现，“隆”实现逆袭，站到有利的地位的可能性还是有的。我们比赛的这款游戏，共有39个人物角色，如果像EVO那样的大赛的话，谁和谁对战都不清楚，所以必须要做好和任何一个角色对战的准备。只针对一个角色设定策略是不现实的。

但是，这次比赛对手是Infil，Infil使用的是“豪鬼”，这种情况我是事先知道的。这是一个验证“隆”对战“豪鬼”谁输谁赢的绝好机会。

我所需要的就是“隆”战胜“豪鬼”的根据。

我认为最重要的就是比赛之前拿到这样的根据。

胜利的根据，也就是说你为什么能赢，如果不明确这些，比赛就没有了意义。

我最讨厌的就是毫无胜利的根据，却一味地认为自己能赢。深信自己能赢也没什么不好吧？我想会有人这么问。

如果一味地认为自己能赢，其结果很有可能你就不再努力了，因为内心认定自己已经赢了。如果找到一些胜利的根据，这样既坚信自己能赢，又不过分相信自己能赢就是一件自然而然的事情。我认为这才是面临比赛时应有的姿态。

我最讨厌的就是毫无根据地认为自己能赢。

## 在提出假说和验证之前，首先要有胜利的根据作为支撑

在“隆”对战“豪鬼”的组合当中，我彻底分析了两种模式：一种是“隆”会输，一种是“隆”会赢。

“豪鬼”将对手击倒之后会有一整套的战术。比较极端的情况就是做出的防御失误，很有可能仅凭这一点就定了胜负。

检查一下画面你就会发现，在很多情况下，很多角色正是因为没有躲过“豪鬼”的整套战术而输掉了比赛，当然你也可以从一开始就避免被它打倒，但是从经验角度来讲这是不可能的。

在此之前一般的理论认为，选择“隆”完美地避开“豪鬼”的整套战术，从逻辑上讲是不现实的。在此之前，我防御的成功率还是很高的，但是想要赢得比赛，情况还是很严峻，现实就是只能试试运气，不行的话再想别的办法，不管结果怎样，我从没想过放弃尝试。

这时候，最重要的就是放弃先入为主的观点。我也曾经想过这样能行吗？再次尝试的时候，我把这样的想法都清零，决定再一次验证结果，再分析情况。

为对这一套战术做出防御，是有目的的。防御当然是一方面，而关键不仅仅在此。在被打倒、对自己不利的时候，如果可以再纠缠拖延一阵，那么就会有转败为胜的机会。

但是，如果遇到这样的情况，被打倒之后就很容易再次中招，我担心被打倒后、在重拾自信之前就变得萎靡不振。准确无误地针对对方的成套战术做出防御，不仅是指躲过对方强有力的攻击，也指提高自己的攻击能力，在这样的意识指导下，坚韧地一步步进行比赛，失误就会一步步减少。

当然我们要重新审视格斗这件事，空中作战中“豪鬼”有压倒性的优势，在地面作战中“隆”的胜算较大。在速度和总体方面处于劣势的“隆”，打败“豪鬼”为数不多的绝招就是灼热波动拳，这项技能被称为“ex技能”，属于一种特殊技，它在发动时需要消耗之前积蓄的能量，“隆”可以通过攻击来积蓄能量，但是使用时机不当就会露出大破绽。因为这是“隆”为数不多的能抗衡“豪鬼”的绝招，所以在使用上需要特别注意。

因此，在遇到地面作战的时候，与其单独使用个别技能，不如更加注重整体的平衡，就像拳击手被逼到角落、处于非常不利的情况一样。在格斗游戏中，如果被对手逼到画面的两端也是非常危险的状况。

Infil 并不采取只攻击眼前的这种战术，他对人物角色的定位也非常在行，所以我想他会想到激烈位置的争夺。

只知道使用的技能和时机远远不够，还应该在高度压力中根据情况正确地使用。即使在地面作战中，“豪鬼”作为首屈一指的角色也可以从空中发起攻击。如果没有对付他们的自信和技能，自己肯定会变得迟钝，这样无疑会被对方牵着鼻子走，而且一旦漏出一丁点儿破绽，Infil 肯定会以此为机会一举攻破我的“隆”。

课题虽然很多，但只能一件件做下去。之前的经验虽然可以作为胜利的根据，但是尚未得到证明的假说有很多，不做就不知道结果的事情更多。在假设和检验同时进行的过程中，支撑胜利的根据就会显现出来。

## 比赛开始前五分钟，寻找能获胜的根据

在展开对战之前，我一直在寻找胜利的根据，但怎么样也找不到。和 Infil 对战之后的 12 个月，我在瑞典参加了一个叫“DREAM HACK”的大赛，这时候我怎么想都找不到胜利的根据。DREAM HACK 是一个淘汰制的大赛，一个叫“GamerBee”的台湾职业玩家取胜的可能性很大。

我必须要打败他才能获胜。他选择了一个叫“阿顿（ADON）”的角色，而我并没有找到对付他的办法。“阿顿”是一个泰式拳击手式的人物设定，它的动作很简单，就是在复杂的进攻中远距离给对方击打并将其击倒。对于我使用的“隆”来说，这是一个很难对付的角色。不管我怎么想，都找不出“隆”取胜的根据。“阿顿”的性能太强，简单操作就非常强大。不管怎么苦思冥想，用常规的办法看起来“隆”都不能取胜。

“阿顿”强大的原因在于它太过简单，我没有有效的对策。如果不是顶级玩家，都不知道该怎么对

付，因此之前针对“阿顿”的对策都不能用，而且GamerBee是顶级玩家之一，不是那种毫无根据就能取胜的选手。因时间紧迫，我心想没办法了，找到这个人的习惯，采用读心术来作战吧，于是找到他和之前使用“隆”的选手对战的视频材料。

因为读心术不具有普遍性，不算是一种能力，所以一般情况下我不会使用。但是，对这次的组合来说，具有普遍性的有效行动几乎没有。如果硬要说的话，我只能在大部分时间里进行防御，但结局会越来越坏，最终会失掉整个比赛。

总之，虽然采取读心术是一种方法，但也没什么进展。“隆”和“阿顿”的对战组合没什么逻辑可循，我也没有看出“阿顿”有什么习惯。“阿顿”没有陷入被逼到角落的绝境，总是用同样的姿态打斗，也同样总是胜出。在飞往瑞典的飞机上，我一直在看他之前比赛的视频，但没有得到任何提示。

如果在大会中和“阿顿”相遇，按照正常顺序展开对战的话我就会输。这样之前使用过“隆”的其他玩家会怎么想呢？我想他们会这样想吧：梅原大吾都输了，我也不行吧?!

如果和别人得出相同的结论，那我们为什么还要成为职业玩家呢？应该给别人展现谁都没见过的可能性的话。这是一个把成长当作第一位的对战组合，想要展示给世人的场面，这是当时我的乐观想法。

大赛开始后，我进展得很顺利，但是对于“阿顿”我还是没有找到应对的破解方法。当然，GamerBee 也进展得很顺利。

就这样，在没有得到胜利根据的情况下，我迎来了和 GamerBee 的战斗。如果我想赢得这场对决，只能期待对方的失误，而对方的失误又只能交给命运。不管是输是赢，我都要参加比赛。决赛日终于来了，还有五分钟就要开始决赛的时候，我做出了一个假设作为根据的大胆决定，并认为：如果这是正确的，我应该能打败他！

制定战略的时候，将人物形象的强项都写出来。

我在制定战略的时候，首先会罗列出对自己的强项和对自己有利的部分。

“隆”能战胜 ADON 的关键在哪儿呢？“隆”在所有回合的战斗中，各项指标趋于平均水平，没有特别出众的部分，但是能量值上升得特别快。比起泰拳手“阿顿”来说，特殊技能力特别强。

如果是远距离的话，一直会受到“阿顿”的攻击，在一直挨打中游戏就会结束。但是，近距离接触的话“隆”也许会变得有利。

这些都是显而易见的理论，谁都没有尝试过。因为这是风险和回报不成正比的事情。如果可行，那谁都会这样做吧。如果“隆”的贴身重击不起作用，那么比赛显然就会更加倾向于“阿顿”。如果这样，不就正中对手下怀嘛。如果什么都不做，情况会越来越糟，而如果做了就会陷入泥沼中。“阿顿”和“隆”的对战情况就是这样，而且我也没有练习过接近“阿顿”的方法和近距离对打。

但是，既没有其他办法，也没有得到验证的时间，我预想了一下比赛情况，虽然这样的作战方法不合常理，但至少有了一个假设的胜利根据。

单纯的来回重击是不够的，游戏角色根据自己的特性，应该发挥出独有的技能。为了“隆”的重击能够击中“阿顿”，需要采取果断的行动，如果近距离接触的话，很可能打断对方的骨头！

我的作战风格是以对手的交流为基础的，所以我决定不打断对方的骨头。与其说不这样做，倒不如说这样做没有意义，我们这对作战组合，按照普通做法不能进行交流。因为在此之前，通常是“隆”一直受到“阿顿”的攻击而结束游戏。

一旦有打倒对方的机会，就毫不犹豫地这样做！挨打了就要打回去！

“即使被打我也要不断前进”“击中之后毫不犹豫地进行反击”“即使只剩一点体力也要持续进行攻击”，这是人物之间立场决定的。我对 GamerBee 没有私人恩怨，但是对他来说有点儿不好过吧。我虽然不喜欢一味地压制对方，但也绝不是做不到。

年轻的时候，用这种类似打架的方式取得过很多胜利。随着经验的积累，我注意到那不是行之有效的最基本的做法，后来也就不这样做了。话虽如此，根据情况必要的时候我也会毫不犹豫。

相互攻击、把握尺度这样的做法和游戏固有的技术没有什么关系。某种意义上可以说它更接近对战的本质。你可以把它想象成掰手腕比赛。如果这样可以形成好的作战方法的话，也有机会体验最真实的实力。我这样说，你可能会明白吧，原来还可以有这样的作战方法呀，我的腕力原来还有用呀！

## 即使受到重创，如果是计划之内的就不会焦虑

在淘汰赛当中，我和 GamerBee 终于狭路相逢了。

就像退无可退一样，我在游戏中不断前进。即使被打也毫不退缩。对方也对我步步紧逼，不断反击。我知道这时候不能任性，只能忍辱负重。虽然之前是一进一退，但是我重拳击中了他的要害，最终我取得了胜利。虽然这样的战术有些冒险，但是结局并没有让我失望。在实际战斗过程中，我感受到了这一点。

但是，这时候我还不能放松，因为我想在复活赛中，一定会再次遇到他。

不出所料，在决赛中，我和 GamerBee 再次相遇了。他应该也有遇到我的心理准备吧。我再次提高了警惕，不敢放松。之前的比赛我 3 比 2 打败了他，虽然赢的场次不算多，但我已经积累了 5 场比赛经验。在这样的情况下，我们开始了更加紧张的角逐。第一轮各有所长，最终我拿下了比赛。此后的战况越来越激烈。

我要做的没有改，就是不断地接近他，就算是受

到打击也不放弃。尽量缩短距离，用力量取胜。我们之间的战斗非常激烈，令人眼花缭乱。双方各有得失，单从画面上来看非常混乱，但是，我冷静地看待了这场比赛。

之所以能够冷静下来，不单是我性格的原因，而是这样的比赛过程是我有意安排的，所以我并没有那么热血沸腾。另外，虽然在前进的过程中，我看起来受到了不必要的打击，但是我这样做是有明确的理由的，所以我并没有走走停停瞻前顾后，因为我有自己的战术安排，所以该做的事情都会做。虽然这并不是一场值得表扬的比赛，但是正是因为我有了胜利的根据和方针，才产生这样的结果吧。

GamerBee没有习惯这样强制性地被人牵着鼻子走，所以陷入了混乱。表面上看起来我也是这样，但是他的窘境正是我的有意为之，这一点直接导致了我们的不同。我是有意为之，他是被迫如此。两者之间的差别是很大的。因为我能冷静地看待比赛，所以能抓中要害，分清缓急。

虽然可能存在一时的失利，但是人物组合之间的较大差距得到了弥补。就这场比赛来看，应该说是五五开，得到这样的结果也是我的幸运。

虽然近距离肉搏的战术获得了成功，但是临近比赛也没有找到获胜依据，我当时非常痛苦。比赛结束之后，几个玩家和观众有些兴奋地向我表示了祝贺。这时候我才开始想，原来这场比赛我表现得不错啊！

不管结果怎样，设定胜利依据的这件事让我很是兴奋。坚信一定会找到什么，坚持思考到最后，一定会柳暗花明，这场比赛就是这样。

## 相信一定有什么，坚持寻找一定会有找到的可能性

我的目的不仅仅是赢得比赛，而是彻彻底底地做好准备，这是和取得比赛胜利同等重要的大事。如果做到了这一点，即使比赛输了心情也会好些吧。能让我这么想的比赛舞台并不多，所以我不能放弃这样的机会。

不仅仅是游戏，在生活中我也常常这样想，这件事行不通，再没有可能了吧，这时候你觉得真的是无能为力，也找不出解决的可能性。

真的是没有办法了吗？这时候可能只是你还不知道而已，不管你多么有经验，有可能是忽略了什么，没注意到什么而已。

心里想着总能发现对策，然后坚持寻找的话，基本上都能找到解决的方法。

这就是我通过游戏得到的实际感受。

即使没有头绪我也会反复地自问自答。这样我总会想到一些方法，也许这就是一个行之有效的办法吧。

如果真正想解决问题的话，不会找不到办法。

为什么找不到解决的办法呢？进行得不顺利，可能是因为你的视野太狭窄了。有可能是一直以来习惯和常识阻碍了你的想象。

你也可以试着摆脱自己的立场。你自己禁锢自己，但是他人可能就不这样想，这是为什么呢？

仅仅想到这件事还不够，有了想法就应该大胆去尝试，行不通的话再去想别的办法尝试。如果有尝遍所有选择的觉悟的话，那么我想不会衍生出其他烦恼吧。因为每次失败后都会尝试和它不同的做法，所以能找到好的办法和好的做法的可能性也会很高。

这并不是天分的问题，只要坚持又有不断尝试、挑战新事物的精神和永不放弃的态度，就总能找到答案。

有些人也能坚持但就是不能成功，这些人应该回头看看是不是在做重复的事情。你可能打算尝试新的事物，所以又有可能重复相同的失败。

## 毫不厌倦地持续尝试，这就是我的天赋

思考与执行，是互补的关系。想到了就要去做，两者之间只有一方在努力是远远不够的。如果你能把彼此之间的平衡理解到这个程度，我想你就能明白我的意思了。

如果说我有什么特别之处的话，那可能就是毫不厌倦地持续尝试，并且乐在其中吧。我经常看到有些玩家刚开始玩游戏很快就放弃了。这时有人会认为“这个角色肯定被那个角色克制”“没有战斗力了”而放弃游戏，但正是这样的地方才蕴藏着无限的可能性，有待你去验证。

如果我要找输的理由，可能多得数不过来，比如“‘隆’赢不了‘阿顿’”“我赢不了 Infil”“我已经老了”，等等。但是，这样找理由的最终结果只能是，“好吧，赢不了‘阿顿’也没办法”“已经到了极限年纪了，输了也没关系”。

这样的结果，只能让人觉得理所应当，无聊至极。

很多人毫不质疑地接受周围人对他的评价，在游戏界也有很多这样的情况，比如说“这个角色没戏了”“都这把年纪了很难赢了吧”。

但是，你完全没必要全盘接受，因为一个人的极限到底在哪儿，谁都不清楚。

你完全没有必要全盘接受周围人的批评和评价，因为一个人的极限到底在哪儿，谁都不清楚。

## 日本的游戏团队环境是世界第一

和 Infil 对决前一周，我已经做了万全的准备。既然决定要应战，也没有什么犹豫的。我把精力和重点放在了决赛上。

我和一个使用豪鬼的玩家进行了反复的对战练习，这就像拳击手赛前的训练一样，而陪我训练的对手都是顶级的游戏玩家。为了应对 Infil 的任何动作，我暗自制订了自己的计划，并不断地和陪练进行练习。

我想这是只有日本才有的环境。玩家之间积极地交流，能够交流是一个社团变强大的必要条件。

而日本具备这样的环境土壤。即使没有奖金也会有很多人来参加大赛。街机厅也是一个玩游戏的好环境，这里不仅玩家的数量很多并且交流也很多。打比赛的话能够帮忙的人也就很多。

而在其他地方这样的风景并不常见。日本作为格斗游戏的发祥地，在这样的环境下，产生这样那样的团体有历史原因，也可以说是游戏界的一笔财富。

越是和国外的团体接触，我越有这样的感觉。对于想急于变强的国外玩家来说，他们所欠缺的不正是这样的环境吗？

我想这样的环境会越变越好，也能够越变越好。

在赛前练习中，我取得了压倒性的胜利，我对比赛进程预设了种种可能性，不断反复地和使用“豪鬼”的玩家对决，最后在游戏内容和各项数据上都取得了压倒性的胜利。

如果 Infil 能打败我，只有一种可能性，那就是他知道一些我不知道的信息。我只能这么想。

《超级街霸 4》从发售到现在已经过去了很长时间，我们彼此应该都没有对方不知道的信息吧。

但是，有一件事是 Infil 不知道的，那就是他还不知道现实中有人可以和“豪鬼”相抗衡到这一步。

## 该做的事情都做了，即使输了也会有重大发现

2013年9月20日，和Infil比赛之前我显得很兴奋。

这并不是因为我很自信。我研究过之前的比赛录像，也彻底验证了一遍组合，也近乎完美地进行了模拟练习。我想自己能做的事情已经全部做完了，即使这样还被打败的话，我也不会失去上进心。

之前的各种比赛，我也是以提高自己的心态为目的去准备的，但这一次让我觉得仿佛回到了小时候，找到了那种让自己变强的纯粹的热情和动机。如果能用这样的心态去对待比赛，那就最好不过了。这是我在将近20年的比赛当中学到的最大收获。

小时候，我非常喜欢RPG（角色扮演游戏），但即使这样，我也有很多风格没有玩过。并不是游戏不好玩了，而是即使在梦中梦到这款游戏，一想到自己都能预见结局，兴奋的内心马上就冷却下去。很多情况下，在打倒终极大boss之前就能预见到，这个游戏要结束了，故事也看到了，大boss也能被打倒，真没意思。

如果我知道，在终极大 boss 之后还有一个很了不得的敌人，我想我一定会继续下去。我会高兴地想："啊，原来还有得玩啊。"

比赛一开始，我就连下三局。这时候我确信我终于要打败 Infil 了。即使心态放松了，我也依然保持着高度的注意力。我明白这一道理。

如果我输了这场比赛，那么一定是出了意料之外的事情。因为我几乎想到了所有的可能性，应该不会有什么状况之外的事情发生。为了不让自己陷入这样的死角，我把可能发生的点点滴滴都思考到了，甚至做好了和自己的心理预期相反的准备。

四个回合之后，Infil 不得不拿出所有的看家本事来应付我了。虽然只是前几场比赛，但是三场比下来，并没有出现意外的事情。如果一直这样在我的预料之内进行下去，那么不管发生什么样的变化，我都做足了准备。我感觉"即使多少和我想象的有些出入，但是应该不至于输掉"。比赛正如我预料的那样进行，我取得了最终胜利。

我期待的大 boss 之后的劲敌并没有出现，但是我做好了输掉比赛就一切从头再来的心理准备。这正是托了 Infil 这个好对手的福。

这是一次难得的体验，但是比赛一结束也不过是一场比赛罢了。不管输赢，都不能保证以后的结果。

明天，又是一场需要全力以赴的比赛。

GAME SIX

# 如何超越天分

## 现在

我所想的事

## 不管是否和成功有关，如果是自己想做的事情的话，就应该去做

一个人所谓的才能和天分，最好不要太当真。

我想说的一个人有没有天赋，大部分因素是在考虑这个人在开始做一件事的时候能不能完成。刚接触一件看似很难的事情的时候，很多人会因其辛苦而放弃，最终成为“不上不下”的人，这就是我们经常说的平凡人。如果你被归为这一类，就属于要被淘汰的一批，这样的人有九成。

但是面对一件看似完不成的任务的时候，也有人从一开始感觉就很好，并在完成任务的过程中不断成长。这类人你告诉他一他就能知道十。如果你是这样的人，那么恭喜你，你是一个有天赋的人。

在天分方面，也有大器晚成型的，但在现实生活中，位居各行各业顶层的人们，是那种最开始就能胜任的人。通过大量的统计发现，大部分有才能的人基本上都是这样。另外，在艺术和体育方面有天分的一部分人

更是如此。他们从孩提时代就接受严格的训练和层层选拔，最终杀出重围，取得胜利。这也是一个严酷的世界。

虽然不知道你有没有天分和灵活性，但在这里我并不想说“即使没有天赋，也会大器晚成”“不要轻易放弃”“坚持下去就可能有机会”这样的话。虽然有时我也会有这样的感觉，但不会轻易说出不负责任的话。并且，因为某某人的一句话就改变自己的主意，不正是因为这个人正处于迷茫时期吗？如果真的是无法逃避的挑战，那就和别人的话更没关系了。面对这样的挑战，最需要的就是从内心深处找到动机。

有些人会想：“我也找找自己的天赋吧。”

天赋和天性是成功的一大要素，这在现实世界中是确实存在的。所以，想要找出自己的天赋，这样的想法很正常。

人们之所以有这样的想法，是因为有天赋就有成功的可能性，所以在机会面前不会放弃，朝着自己有天赋的方面发展。

而我想说的是，不管是否与成功有关，如果是自己想做的事情，难道不就应该去做吗？在现实生活中，成功也许并不需要天分。有天分就去做和没有天分就不做，其实和会成功就去做、不会成功就不去做是相近的。这样功利性地考虑问题，总让人觉得不舒服。

不考虑天分和资质，不考虑成败，喜欢就去做难道不好吗？

有句话叫活到老学到老，这句的意思是不一定得到别人的认可，和资质也无关，只需要单纯地挑战自己，自己想做的事情做就可以了。虽然我不知道这是什么人在什么时候说出的一句话，但应该是一位年长的智者吧。

谁也无法预估明天会发生什么，所以简单地选择自己的生活吧。

人生只有一次。

即使世人承认了你的成功，但你的内心深处如果没有是非黑白的话，也只能是空躯一个。我不知道这样的人在死之前会想些什么，如果临死前想：我想做的事情都有不少机会完成而我却没有动手啊！

如果是这样，他会死不瞑目，可是这时候想挽回已经来不及了。

## 做自己不适合的事情，就会有所发现

我们在做某一件事的时候，如果仅仅是因为想做或者喜欢做，那么放手去做就可以了，如果不怎么适合时去做了也没关系。尝试挑战不适合的事情，是不能用成功和失败来衡量的。它一定有着自己本身的意义，并不是单纯地为了满足自己。

在做一些不适合自己的事情时，我们往往能感觉到自己有所收获。即使事情进展得不怎么顺利也没有关系。因为这时你会发现，原来我的人生还能有这么大的成长，我在这一方面的能力不欠缺，等等。如果事情进展得顺利，也会有相同的发现，而且事情良性发展的可能性就会变大。

当然，利用自己的资质没什么不好，但是过于依赖它情况就不同了：不明白什么才是融会贯通，也不懂得变化。

我曾经和一个很有天赋的玩家交过手。每当游戏产品更新、所使用的人物角色被调整的时候，就会出现这种情况。这时，我会要求其他玩家在方向性和方法上做出改变，以应对环境的改变，但是对方并没有做到这一点，而是过分依赖自己的天分，最终输掉了比赛。

有时候就会出现被对方全盘掌握自己的节奏，不能做到卷土重来的情况。因为他过分地依赖自己的天分和才能，所以在灵活性上就会差很多。

在游戏比赛中，我尽量不让自己暴露擅长什么不擅长什么的情况，如果出现肯定会有这样那样的背景。如果不能做到应对一切，那么一旦遇到这样的情况，就很难适时做出变化。从这一意义上讲，我认为自己有一技之长是不值一提的，因为我也有不擅长的一面，只不过不被大家关注罢了。

一直只做自己擅长的事情，总有遇到瓶颈的时候。如果没有这样的觉悟，就不会长久地、持续不断地取得胜利。

而且，在很多情况下，在自己擅长的方面欠缺扩展性。不知不觉间，变得很依赖它，并且平时也会在这方面投入更多精力。当发现这些问题的时候，路已经被自己走得很窄了。一旦被别人当作弱点抓住，就会是你的死穴。

一直只做自己擅长的事情，总有遇到瓶颈的时候。如果没有这样的觉悟，就不会长久地、持续不断地取得胜利。

## 十几岁的时候，不管取得多少胜利都会感到不安

有时我会想，我只是在做自己比较擅长的事情，为什么就能获得那么大的自信呢？这并不是以比赛的输赢就能解释的事情。做自己喜欢的事情、擅长的事情，不知不觉就会变得有攻击性，甚至产生不必要的好胜心理，想把自己厉害的一面展示给别人看。

我既遇到过世人所说的成功人士，也遇到过自认为成功的人。遇到这样的人，我瞬间能判断他是不是只做自己擅长的事情。因为，我可以从他的表情和动作上看出，他是不是够自信。

有自信这件事一直被世人所误解。就像产品会更新换代一样，他们不会装作有自信的样子，不会虚张声势和夸大一件事，因为他们没有必要这样做，反而他们表现得很普通。

我觉得这样的人很厉害。

游戏比赛也是一样。有自信的玩家，不会虚张声势也不会夸大自己的实力。这种人具有很强的实力，

可以很自然、平静地对待比赛。真正变强大之后，他们就会脱去一般玩家不成熟的气质和神色，归于平静。

即便是所谓的成功人士，如果没有自信的话，如果做成了一件事情他就会不断地强调这件事。而真正厉害的人，提起这件事的时候，也不会觉得有什么特殊，只是轻描淡写地一带而过，给人的感觉他只是做了自己擅长的一件小事情而已。

如果只掌握了要领，并不能获得真正的自信。因为当面对自己不擅长的事物和弱项时，他们会有意无意地逃避。

十几岁的时候，有段时间只要参加比赛我就会得到胜利，胜率可能比现在还要好。

所以，你可能会说那段时间才是我最自信的时候，其实不然，反而那段时间我没有多少自信。我很擅长打游戏，但是在一点上我却很不擅长，那就是我总是躲避他人的眼神，甚至还产生过很多不好的念头。理由自己非常清楚，因为我只是做了自己喜欢和擅长的事情，我感觉到了自己的弱项。

也许我有了一种危机感，所以开始挑战自己不擅长的事情。

应该是我 20 岁左右的时候吧，我打了一份工，就是在后厨洗盘子，完全不会跟客人接触，纯粹是一个人的工作。工作要求很严格，但是我很放松。我完全没有偷懒，没有放松自己手头的工作，对洗盘子这项工作表现出了很高的重视。简单地说，就是把洗盘子这件事也变成自己擅长的事情，之后我决定辞职了。

这次我换了一份站在前厅可以和大量客人接触的工作。这样我不得不和店长和同事交流、打交道。虽然也会有接连不顺利的时候，但是我咬牙坚持着，慢慢地不论是接待客人还是和同事交流都变得成熟多了。我并没有做到擅长的地步，但如果一直坚持下去，也会在某种程度上成为自己想成为的那种样子吧。

从某种程度上说，这些工作并没有消除我的劣等感，但是稍微让我有了些自信。表面上虽然没有大的改变，但是我能感受到自己内心的变化。

最大的变化就是我接纳了很多。

最终，我得出的结论是：逃避自己不擅长的事物，就会变得越来越不自信。挑战自己不擅长的，即使过程不怎么顺利，但挑战过程对自己也是一种肯定。

这是自信的来源。

我们生来就会有自己擅长和不擅长的事情，但是世界上却没有这样的规则，那就是要被擅长和不擅长束缚一辈子。

也许有人会说：“你取得了那么多的胜利，不是第一就是第二，你还会没有自信吗？”

虽然我在玩格斗游戏时很有自信，但是并不代表我在生活的其他方面也很有自信。我当时想那是因为游戏还没有被世人所认可吧。但实际上并非如此，我现在才明白。

即使那时候就受到世人的赞赏，我依然会在生活上没有自信，也可能是自欺欺人。但自己的内心还是会惴惴不安，只要被世人说成是成功人士，就会打肿脸充胖子吧。人都是这样，我应该也不例外。

在自己擅长的领域取得成功确实能给自己带来自信，但是正确的说法却不是这样。外界的赞赏，并不能转化为自己真正的自信。所以必须要自己支撑自己。这并不是指你取得了怎样的成功、怎样的结果，而是指取得成功的过程。而且，真正的自信是比你想象要柔软很多且柔软中带着坚韧的东西。

用一句话概括就是“平常心”。

## 以平常心对待的比赛还会持续

真正的强大和自信到底是什么呢？

我来说一下那些让我感到厉害的人。

他们不虚张声势，不惧怕强敌，以本我的姿态出现在你面前。这样的本我不是装出来的。因为表现得不自然，很快就会被人识破。

他们即使具有值得被认可的东西，也不会过度夸大，不会恃才傲物。当然这并不是指他们像小孩子一样懵懂无知。

他们一边保持着不卑不亢的态度，一边善于融入集体，懂得分寸。这恐怕就是一颗“平常心”吧。

所以，乍一看很厉害的人，往后不一定能看得到他的才情。也许后面你会觉得“咦？他怎么回事”？

以本我的姿态出现，虽然是一句很流行的话，但是真正做到这一点并不容易。我自己也是有亲身经历的，想要刻意做出这样的姿态是万万不能的。所以我不打算装模作样，也不应该这样做。因为从源头上，这是不可能的。

我们既然生活在人群当中，就不可避免地和他人相处。但是过分地迎合周围的人和事，就会变得不像自己。我认识的很多人，这样委屈自己，痛苦地生活着。

以在比赛当中的经验为基础，跟大家唠叨了很多自己的做法和想法。

如果说有一个能不断取得胜利的万能钥匙的话，那可能就是像我的“自立心”一样的东西吧。以自己内心的基准来判断事物，并为这个判断负责，不管是哪门哪派的思考方式都有这样的共同点。

带着这样的感觉，每天不断地坚持努力，总有一天你能找到和“平常心”相关的感悟。我想，我还在路上。

即使在游戏中，如果在变强大之前，你不是一个有血有肉、鲜活的人，也会让人觉得很无聊。因为是看重结果的世界，所以过程才显得更重要。要在认真当中，保持游戏的洒脱。在变强之前，先变得善良。

我一边想着这样的事情，一边准备着下一次挑战。

没有任何败北的要素。

——梅原大吾

**版权登记号：01-2016-0624**

**图书在版编目(C I P)数据**

职业逆转力：精进每一天！/（日）梅原大吾著；千太阳译．—北京：现代出版社，2019.1

ISBN 978-7-5143-7357-8

Ⅰ.①职… Ⅱ.①梅… ②千… Ⅲ.①成功心理－通俗读物 Ⅳ.①B848.4-49

中国版本图书馆CIP数据核字(2018)第199777号



**职业逆转力：精进每一天！**

| | |
|---|---|
| **作　　者** | 〔日〕梅原大吾 |
| **译　　者** | 千太阳 |
| **责任编辑** | 赵海燕　朱文婷 |
| **外　　审** | 张　弦 |
| **出版发行** | 现代出版社 |
| **通信地址** | 北京市安定门外安华里504号 |
| **邮政编码** | 100011 |
| **电　　话** | 010-64267325　64245264（兼传真） |
| **网　　址** | www.1980xd.com |
| **电子邮箱** | xiandai@vip.sina.com |
| **印　　刷** | 三河市南阳印刷有限公司 |
| **开　　本** | 880mm×1230mm　1/32 |
| **印　　张** | 7.25 |
| **字　　数** | 108千 |
| **版　　次** | 2019年1月第1版　2019年1月第1次印刷 |
| **书　　号** | ISBN 978-7-5143-7357-8 |
| **定　　价** | 39.80元 |

**职业逆转力：精进每一天！**

〔日〕梅原大吾 | 著　　只读文化工作室励志馆 | 出品

只读

时间有限，我们只读好书。

励志馆

## 只读·励志新书

1.《职业逆转力：精进每一天！》

**作者：**〔日〕梅原大吾

**译者：**千太阳

**出版时间：**2019 年 1 月

**ISBN：**9787514373578

《职业逆转力：精进每一天！》是闻名世界的 80 后日本格斗电竞职业玩家梅原大吾的励志随笔集，为国内首次出版。本书记录了梅原大吾如何从从默默无闻到世界第一，身为职业人如何持续胜利的秘诀。

2.《活力》

**作者：**〔日〕稻盛和夫

**译者：**徐萌

**出版时间：**2018 年 8 月

**ISBN：**9787514370089

《活力》是日本著名企业家稻盛和夫第一本人生经营书。书中对于如何改变人生、改变命运、走向成功提出了独特的经营法——把人生当成自己的创业公司来经营，用企业管理的理念，经营自己。

# 只读

时间有限，我们只读好书。
励志馆

**3.《写给想哭的你》**

**作者：**〔日〕松浦弥太郎

**译者：**徐萌

**出版时间：**2018 年 7 月

**ISBN：**9787514370447

《写给想哭的你》日本最受欢迎的生活美学家松浦弥太郎的治愈系生活哲学。书中以 24 堂治愈系生活哲学课、100 条亲切而实用的自我修复指南，让受伤的灵魂找回获得幸福的力量。

**4.《常与同好争高下，不与傻瓜论短长》**

**作者：**老杨的猫头鹰

**出版时间：**2018 年 10 月

**ISBN：**9787514373042

《常与同好争高下，不与傻瓜论短长》是畅销书作家老杨的猫头鹰"醒脑之书"系列第四本。

书中 22 个鲜活的故事，献给不够圆滑也不够世故、不够成熟又不够幼稚、不想变坏也不想太乖的每一颗心灵。

只读

时间有限，我们只读好书。
励志馆

5.《别着急，反正一切来不及》
**作者：**金小安
**出版时间：**2018 年 7 月
**ISBN：**9787514346244

《别着急，反正一切来不及》是专栏作家金小安的女性励志书。作者记录了生活中的小细节和小感动，从友情、亲情、爱情等各个方面入手，分析了“自己与自己的关系”，旨在引导女性读者更好地与自己相处。

6.《你所坚信的生活，最终都会实现》
**作者：**她总
**出版时间：**2018 年 7 月
**ISBN：**9787514371024

《你所坚信的生活，最终都会实现》是中国首个独立女性成长社群“她生活”创始人“她总”的首部个人文集，融合其十余年的独立成长过往，揭开最隐秘的心路历程，寄望每个人在这个功利的时代活出自己想要的模样。

# 只读

时间有限，我们只读好书。
励志馆

7.《人生总要妙妙妙》
**作者：**蔡志忠
**出版时间：**2018 年 5 月
ISBN：9787514367980

《人生总要妙妙妙》是著名漫画家蔡志忠的漫画随笔。书中作者用猫咪的姿态阐述“傲娇”的生活态度和不认输的拼劲儿，鼓励年轻读者面对生活要怀抱希望，面对理想要点滴积累，面对嘲笑要勇敢淡定。

只读

时间有限，我们只读好书。
励志馆

**日系作品系列**

〔日〕梅原大吾《职业逆转力：精进每一天！》
〔日〕稻盛和夫《活力》
〔日〕松浦弥太郎《写给想哭的你》
〔日〕岸见一郎《我不想活得这么累》
〔日〕水野敬也《人生总会有办法》

**老杨的猫头鹰·醒脑书系**

老杨的猫头鹰《常与同好争高下，不与傻瓜论短长》
老杨的猫头鹰《好看的皮囊千篇一律，有趣的灵魂万里挑一》
老杨的猫头鹰《姑娘，脱贫比脱单更重要》
老杨的猫头鹰《最怕你一生碌碌无为，还安慰自己平凡可贵》

**杨杨作品系列**

杨杨《无论爱与不爱，下辈子，都不会再见》
杨杨《春风十里，原来是你》
杨杨《这一世，若不珍惜，谁能许你未来》

**心探索作品系列**

心探索《去爱》
心探索《一个人，从心活》

金小安《别着急，反正一切来不及》
她总《你所坚信的生活，最终都会实现》
蔡志忠《人生总要妙妙妙》
王臣《一个人流浪，不必去远方》
白冰冰《可以哭，别认输》
万诗语《许你灵魂丰满，愿你欲望清瘦》
周小蕾《我要傍近你，方不至于难过》
宁待《全都因为你问了我一个晚安》
夏林溪《我害怕，你说你也喜欢我》
云水禅心《把每一个泥泞的日子，都活出最干净的时光》

特此致谢张弦 * 先生

① 张弦，又名 VEGA，上海电影制片厂编剧、上海电影家协会会员，同时也是游龄长达 37 年的中国第一代电子游戏玩家、格斗类电竞《街霸》《铁拳》爱好者，中国最早的电子游戏刊物《电玩迷》创始人，以及《电子游戏软件》《游戏批评》资深撰稿人。曾创作《谜宅》《新刀马旦》《新侠骨丹心》等数十部电影与电视剧，并撰写大量电子游戏评论及攻略，在电影和游戏这两大领域均有建树，几十年来一直致力于“电影与游戏的艺术融合”这一课题的研究。